智能制造技术

陈颂阳　主编

陈崇军　郭嘉伟　副主编

电子工业出版社

Publishing House of Electronics Industry
北京·BEIJING

内 容 简 介

本书以柔性制造生产线的工艺编制、联机调试、生产管理、质量控制为核心，具体分为走进智能制造领域、自动料仓的操作与联调、工业机器人的操作与联调、数控车铣多联机的操作与联调、桁架机械手的操作与联调、输送带的操作与联调、气缸件自动生产线加工、智能制造企业现场管理八个教学项目，十九个任务，其中，气缸件自动生产线加工为综合项目，是对整条柔性制造生产线的综合运用。每个教学项目以具体的任务为引领，采取理论实践一体化的形式，通过对项目任务的学习，学生可熟练掌握智能制造生产线的全部操作，提升职业岗位的知识和技能。

本书可作为智能制造、工业机器人技术、机电一体化及电气自动化等相关专业的教材，也可作为从事相关行业技术人员的参考用书。

未经许可，不得以任何方式复制或抄袭本书之部分或全部内容。
版权所有，侵权必究。

图书在版编目（CIP）数据

智能制造技术 / 陈颂阳主编. -- 北京 : 电子工业出版社, 2024. 9. -- ISBN 978-7-121-48719-4

Ⅰ. TH166

中国国家版本馆 CIP 数据核字第 2024J7R358 号

责任编辑：刘志红（lzhmails@phei.com.cn）　　文字编辑：康　霞
印　　刷：三河市龙林印务有限公司
装　　订：三河市龙林印务有限公司
出版发行：电子工业出版社
　　　　　北京市海淀区万寿路 173 信箱　邮编　100036
开　　本：787×1 092　1/16　印张：17.5　字数：403.2 千字
版　　次：2024 年 9 月第 1 版
印　　次：2024 年 9 月第 1 次印刷
定　　价：89.00 元

凡所购买电子工业出版社图书有缺损问题，请向购买书店调换。若书店售缺，请与本社发行部联系，联系及邮购电话：(010) 88254888，88258888。
质量投诉请发邮件至 zlts@phei.com.cn，盗版侵权举报请发邮件至 dbqq@phei.com.cn。
本书咨询联系方式：18614084788，lzhmails@163.com。

前言 PREFACE

随着制造业的快速推进，以新型传感器、智能控制系统、工业机器人、自动化成套生产线为代表的智能制造产业体系不断发展，急需大批高素质的复合型人才。为适应产业转型升级，广州市番禺区职业技术学校数控技术应用专业瞄准制造业岗位链，与企业联手将先进制造业的新技术、新工艺、新规范及时融入课程教学，共同开发了"智能制造技术"课程。让学生了解智能制造技术发展的新理论、新技术和最新发展趋势，掌握智能制造关键技术的基本知识，领会企业生产管理的各项流程，学会数控车铣复合生产加工的概念、方式与基本操作，掌握多工序零部件加工的工艺知识，学会机器人编程、调试与操作，掌握各检测工具检验知识等，培养适应先进制造业发展的高素质技能人才。

本书以柔性制造生产线的工艺编制、联机调试、生产管理、质量控制为核心，具体分为走进智能制造领域、自动料仓的操作与联调、工业机器人的操作与联调、数控车铣多联机的操作与联调、桁架机械手的操作与联调、输送带的操作与联调、气缸件自动生产线加工、智能制造企业现场管理八个教学项目，十九个任务，其中，气缸件自动生产线加工为综合项目，是对整条柔性制造生产线的综合运用。每个教学项目以具体的任务为引领，采取理论实践一体化的形式，通过对项目任务的学习，学生可熟练掌握智能制造生产线的全部操作，提升职业岗位的知识和技能。

在本书的编写过程中，得到了广州市敏嘉制造技术有限公司、广东省机械研究所有限公司、广州市同晋制冷设备配件有限公司等校企合作企业的大力支持，在此表示感谢！

由于著者水平有限，书中疏漏、不足和错误之处在所难免，欢迎读者提出宝贵意见，在此表示衷心感谢！

著者
2024 年 6 月

目 录

项目一　走进智能制造领域 001
　　任务一　认识智能制造领域 002
　　任务二　认识智能制造生产线 021

项目二　自动料仓的操作与联调 035
　　任务一　认识自动料仓 036
　　任务二　自动料仓的操作 049

项目三　工业机器人的操作与联调 062
　　任务一　认识工业机器人 063
　　任务二　工业机器人的操作 080

项目四　数控车铣多联机的操作与联调 095
　　任务一　认识数控车铣多联机 095
　　任务二　数控车铣多联机的操作 107

项目五　桁架机械手的操作与联调 117
　　任务一　认识桁架机械手 117
　　任务二　桁架机械手的操作 131

项目六　输送带的操作与联调 144
　　任务一　认识输送带 144
　　任务二　输送带的操作与联调应用 155

项目七　气缸件自动生产线加工 ··· 163
任务一　气缸加工工艺与编程 ··· 163
任务二　气缸件生产调试 ··· 179
任务三　气缸零件的检测 ··· 201
任务四　认识工业云系统 ··· 218
任务五　气缸加工常见故障处理 ··· 238

项目八　智能制造企业现场管理 ··· 255
任务一　智能制造生产线的维护与保养 ··· 255
任务二　智能制造生产现场 6S 管理 ·· 264

参考文献 ·· 272

项目一
走进智能制造领域

制造业是国民经济的主体,是立国之本、兴国之器、强国之基。与世界先进水平相比,中国制造业仍然大而不强,流程行业,石化化工等工厂在自主创新能力、资源利用效率、产业结构水平、信息化程度、质量效益等方面差距明显,转型升级和跨越发展的任务紧迫而艰巨。互联网技术带来了全新的变革,云计算、物联网、大数据、智能终端等新信息技术的成熟及应用,人工智能与现代制造业的紧密结合,都为智能制造的兴起和发展奠定了基础。

智能制造基于互联网技术与先进制造技术的深度融合,贯穿于用户、设计、生产、管理、服务等制造全过程,是具有互动体验、自我感知、自我学习、自我决策、自我执行、自我适应等功能的新一代制造系统,改变了传统的制造模式。

对于流程行业的进一步转型升级,智能化工厂是实现"智能制造"(见图1-1)的必由之路。

图1-1 智能制造

任务一 认识智能制造领域

职业能力

了解智能制造的基本概念及要素,认识发展智能制造的重要意义。了解智能制造产业的现状与发展前景,熟悉中国智能制造发展战略,了解德国"工业4.0"计划和美国"再工业化"战略。认识智能制造的发展方向和关键技术等。

核心概念

智能制造(Intelligent Manufacturing,IM)是一种由智能机器和人类专家共同组成的人机一体化智能系统,其在制造过程中能进行智能活动,诸如分析、推理、判断、构思和决策等。通过人与智能机器的合作共事,去扩大、延伸和部分地取代人类专家在制造过程中的脑力劳动。

学习目标

1. 掌握智能制造的概念及内涵。
2. 能陈述智能制造的意义。
3. 能简述智能制造的国内外发展现状及方向。
4. 能简述智能制造的关键技术。
5. 提高学生收集资讯、分析问题的深度学习能力。
6. 树立学生的科学发展观,培养学生的创新意识。

基础知识

一、智能制造概述

智能制造源于人工智能的研究。一般认为,智能是知识和智力的总和,前者是智能的基础,后者是指获取和运用知识求解的能力。人工智能就是用人工方法在计算机上实现的智能。近半个世纪特别是近20年来,随着产品性能的完善及其结构的复杂化、精细化,以及功能的多样化,产品所包含的设计信息量和工艺信息量猛增,随着生产线和生产设备内部信息流量的增加,制造过程和管理工作的信息量也必然剧增,促使制造技术发展的热点转向提高制造系统对爆炸性增长的制造信息处理的能力、效率及规模上。

目前,先进制造设备离开信息的输入就无法运转,柔性制造系统一旦被切断信息来源就会立刻停止工作。专家认为,制造系统正在由原先的能量驱动型转变为信息驱动型,这就要求制造系统不但要具备柔性,而且还要表现出智能,否则难以处理如此大量且复杂的信息工作量。另外,瞬息万变的市场需求和竞争激烈的复杂环境,也要求制造系统表现得更灵活、更敏捷和更智能。因此,智能制造越来越受到高度重视。由此可见,智能制造正在世界范围内兴起,它是制造技术发展,特别是制造信息技术发展的必然,是自动化和集成技术向纵深发展的结果,如图1-2所示。

图 1-2　智能制造概念图

智能制造是以新一代信息技术为基础,配合新能源、新材料、新工艺,贯穿设计、生产、管理、服务等制造活动各个环节,具有信息深度自感知、智慧优化自决策、精准控制自执行等功能的先进制造过程、系统与模式的总称。

智能制造是面向产品全生命周期,实现泛在感知条件下的信息化制造。智能制造技术是在现代传感技术、网络技术、自动化技术、拟人化智能技术等先进技术的基础上,通过智能化的感知、人机交互、决策和执行技术,实现设计过程、制造过程和制造装备智能化,是信息技术、智能技术与装备制造技术的深度融合与集成。

智能制造是信息化与工业化深度融合的大趋势。具体体现在制造过程的各个环节与新一代信息技术的深度融合,如物联网、大数据、云计算、人工智能等。智能制造大体具有四大特征,即以智能工厂为载体、以关键制造环节的智能化为核心、以端到端数据流为基础和以网通互联为支撑。其主要内容包括智能产品、智能生产、智能工厂、智能物流等。目前,急需建立智能制造标准体系,大力推广数字化制造,开发核心工业软件。传统数字化制造、网络化制造、敏捷制造等制造方式的应用与实践对智能制造的发展具有重要的支撑作用,如图1-3所示。

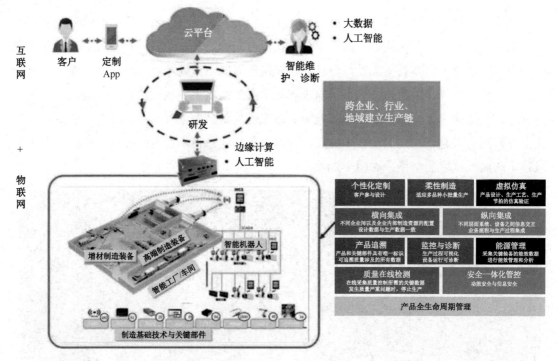

图 1-3 互联网+物联网

二、智能制造的意义

当前,全球制造业正加快迈向数字化、智能化时代,智能制造对制造业竞争力的影响越来越大。发展智能制造既符合我国制造业发展的内在要求,又是重塑我国制造业新优势的现实需要,还是实现转型升级的必然选择。

1. 智能制造是传统制造业转型发展的必然趋势

在经济全球化的推动下,发达国家最初是将制造企业的核心技术、核心部门留在本土,将其他非核心部分、劳动密集型产业向低劳动力和低原材料成本的发展中国家或地区转移。由于发展中国家具有相对较低的劳动力和原材料成本,发达国家可以集中资源专注于对高新技术和产品的研发,从而推动了传统制造业向先进制造业的转变。

但是,劳动力和原材料成本的逐年上涨,对传统制造业发展构成的压力在逐渐增大。此外,人们越来越意识到传统制造业对自然环境、生态环境的损害。受到资源短缺、环境压力、产能过剩等因素的影响,传统制造业不能满足时代要求,也纷纷向先进制造业转型升级,如图 1-4 所示。

(a) 核心技术

(b) 劳动密集

(c) 传统制造业

(d) 先进制造业

图1-4 产业转型升级

随着世界经济和生产技术的迅猛发展，产品更新换代频繁，产品的生命周期大幅度缩短，产品用户多样化、个性化、灵活化的消费需求也逐渐呈现出来。市场需求的不确定性越来越明显，竞争日趋激烈，这就要求制造企业不但要具有对产品更新换代快速响应的能力，还要能够满足用户个性化、定制化的需求，同时具备生产成本低、效率高、交货快的优势，而之前大规模的自动化生产方式已不能满足这种时代进步的需求。

因此，全球兴起了新一轮的工业革命，在生产方式上，制造过程呈现出数字化、网络化、智能化等特征；在分工方式上，呈现出制造业服务化、专业化、一体化等特征；在商业模式上，将从以制造企业为中心转向以产品用户为中心，体验和个性成为制造业竞争力的重要体现和利润的重要来源。

新的制造业模式利用先进制造技术与迅速发展的互联网、物联网等信息技术，以及计算机技术和通信技术的深度融合来助推新一轮工业革命，从而催生了智能制造。智能制造已成为世界制造业发展的客观趋势，许多工业发达国家正在大力推广和应用。

2. 智能制造是实现我国由制造大国到强国转变的重要路径

虽然我国已经具备成为世界制造大国的条件，但是制造业"大而不强"。面临发达国家加速重振制造业及其他发展中国家以更低生产成本承接劳动密集型产业的"双重挤压"，就我国目前的国情而言，传统制造业总体上处于转型升级的过渡阶段，相当多的企业在很长时间内的主要模式仍然是劳动密集型，在产业分工中仍处于中低端环节，产业附加值低、产业结构不合理。

在国际社会智能发展的大趋势下，国际化、工业化、信息化、市场化、智能化已成为我国制造业不可阻挡的发展方向。制造技术是任何高新技术的实现技术，只有通过制造业升级才能将潜在生产力转化为现实生产力。在这样的背景下，我国必须加快推进信息技术与制造技术的深度融合，大力推进智能制造技术研发及其产业化水平，以应对传统低成本优势削弱所面临的挑战。此外，随着智能制造技术的发展，还可以应用更节能环保的先进装备和智能优化技术，从根本上解决我国生产制造过程中的节能减排问题。

因此，发展智能制造既符合我国制造业发展的内在要求，也是重塑我国制造业新优势实现转型升级的必然选择。

三、智能制造的发展现状

1. 智能制造的发展轨迹

1988 年，美国纽约大学的怀特教授（P.K.Wright）和卡内基梅隆大学的布恩教授（D.A.Bourne）出版了《智能制造》一书，首次提出智能制造的概念，并指出智能制造的目的是通过集成知识工程、制造软件系统、机器人视觉和机器控制对制造技工的技能和专家知识进行建模，以使智能机器人在没有人工干预的情况下进行小批量生产。全球的研究者们、企业家从此开始对智能制造的探索。

日本在 1989 年提出一种人与计算机相结合的"智能制造系统"（Intelligent Manufacturing System，IMS），并且于 1994 年启动了 IMS 国际合作研究项目，率先拉开了智能制造的序幕。早期的"智能制造系统"将人工智能（AI）视为核心技术，以"智能体"（Agent）为智能载体，其目的是试图用技术系统突破人的自然智力的局限，达到对人脑智力的部分代替、延伸和加强。

1992 年，美国执行新技术政策，大力支持关键重大技术，包括信息技术和新的制造工艺，智能制造技术也在其中，美国政府希望借助此举改造传统工业并启动新产业。

加拿大制定的"1994—1998 年发展战略计划"中指出，未来知识密集型产业是驱动全球经济和加拿大经济发展的基础，发展和应用智能系统至关重要，并将具体研究项目选择为智能计算机、人机界面、机械传感器、机器人控制、新装置，以及动态环境下的系统集成。

欧洲联盟的信息技术相关研究有 ESPRIT 项目，该项目大力资助有市场潜力的信息技术。1994 年又启动了新的 R&D 项目，选择了 39 项核心技术，其中三项（信息技术分子生物学和先进制造技术）均突出了智能制造的地位。

2001年6月，美国正式启动包括工业机器人在内的"先进制造伙伴计划"；2012年2月，美国又出台"先进制造业国家战略计划"，提出加强研究和试验税收减免、扩大和优化政府投资、建设"智能"制造技术平台，以加快智能制造的技术创新；2012年设立美国制造业创新网络，先后设立增材制造创新研究院和数字化制造与设计创新研究院。德国于2013年正式实施以智能制造为主体的"工业4.0"战略，巩固其制造业领先地位。

2. 德国

德国的制造业在世界上处于领先地位。为了进一步巩固自己在制造业的现有优势，德国提出"工业4.0"计划。

> 通过互联网等通信网络将工厂内与工厂外的事物和服务连接起来，创造前所未有的价值，构建新商业模式的产官学一体项目。"工业4.0"包含由集中式控制向分散式增强型控制的基本模式转变，目标是建立一个高度灵活的个性化和数字化的产品与服务生产模式。在这种模式中，传统行业界限将消失，并会产生各种新的活动领域和合作形式。创造新价值的过程正在发生改变，产业链分工将被重组。

"工业4.0"是以智能制造为核心的第四次工业革命，其计划主要分为四大主题：一是"智能工厂"；二是"智能生产"；三是"智能物流"；四是"智能服务"（见图1-5）。

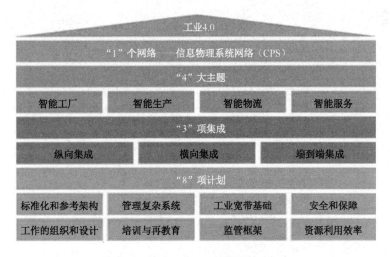

图1-5 德国工业4.0的重要战略要点

3. 美国

全球金融危机爆发以来，很多专家认为，金融危机的根源在于近十年来美国经济的"去工业化"，美国新的经济增长必须依靠实体创新而非金融创新，因为金融创新导致房地产市场泡沫破灭、金融市场过度扩张及金融资产过度升值、商业银行和投资银行混业经营风险无法控制等，原美国总统奥巴马提出所谓的"新经济战略"：美国经济要转向可持续的增长模式，即出口推动型增长和制造业增长，要让美国回归实体经济，重新重视国内产业，尤其是制造业的发展。这也就是美国的"再工业化"战略（见图1-6）。

图1-6 再工业化战略

方　向

新兴产业是未来工业发展的一个趋势。由于围绕新兴产业所形成的产业群可能成为下一轮全球经济繁荣的支撑点，因此是"再工业化"的主攻方向。从长期看，为在未来的竞争中保持领先优势，各国需要加大在新兴产业领域的技术研发，推动新技术在传统制造业中的广泛应用；从短期看，对新兴产业的投资也有利于扩大内需，拉动经济增长。

美国所提出的"再工业化"绝不仅是简单的"实业回归"，而是在二次工业化基础上的三次工业化，其实质是以高新技术为依托，发展高附加值的制造业，如先进制造技术、新能源、环保、信息等新兴产业，从而重新拥有具备强大竞争力的新工业体系。这对于正在试图转型升级的中国制造业来说，无形中增加了新的"天花板"。

4. 中国

我国的智能制造装备产业发展历史较短，20世纪80年代中期，随着发达国家开始大量生产自动化生产设备，我国也开始逐步加大对工业机器人的研究支持。1985年，我国将工业机器人列入科技攻关发展计划，成为智能制造装备产业在我国发展的重要里程碑。经过几十年的发展，我国智能制造装备行业已初步形成以新型传感器、智能控制系统、工业机器人、自动化成套生产线为代表的产业体系。

近年来，我国的经济发展已由高速增长阶段逐步转入高质量发展阶段。在新型工业化加速发展的大背景下，我国高度重视智能制造装备产业的发展。2021年3月，《中华人民共和国国民经济和社会发展第十四个五年规划和2035年远景目标纲要》提出，要深入实施制造强国战略，加快补齐基础零部件及元器件、基础软件、基础材料、基础工艺和产业技术基础等瓶颈短板,推动集成电路、航空航天、船舶与海洋工程装备、机器人、先进轨道交通装备、先进电力装备、工程机械、高端数控机床、医药及医疗设备等产业创新发展。改造提升传统产业,推动石化、钢铁、有色、建材等原材料产业布局优化和结构调整,扩大轻工、纺织等优质产品供给,加快化工、造纸等重点行业企业改造升级。

2021年12月28日,工业和信息化部等八部门联合发布了《"十四五"智能制造发展规划》,明确提出我国"十四五"智能制造发展路径、具体目标、重点任务,对新时期我国推进数字化转型和智能化升级促进制造业高质量发展,具有重要意义。《"十四五"智能制造发展规划》的内容概括为"二四六四",即"两步走、四大任务、六个行动、四项措施"(如图1-7,图1-8,图1-9所示)。

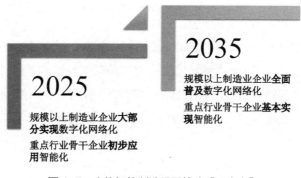

图1-7 实施智能制造强国战略"两步走"

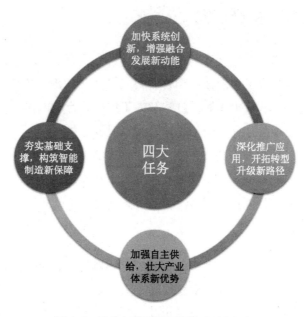

图1-8 实施智能制造强国战略四大任务

"两步走":一是到2025年,规模以上制造业企业大部分实现数字化网络化,重点行业骨干企业初步应用智能化;二是到2035年,规模以上制造业企业全面普及数字化网络化,重点行业骨干企业基本实现智能化。

六个行动
- 智能制造技术攻关行动
- 智能制造示范工厂建设行动
- 行业智能化改造升级行动
- 智能制造装备创新发展行动
- 工业软件突破提升行动
- 智能制造标准领航行动

四项措施
- 强化统筹协调
- 加大财政金融支持
- 提升公共服务能力
- 深化开放合作

图1-9 实施智能制造强国战略"六个行动""四项措施"

"四大任务"是加快系统创新，增强融合发展新动能；深化推广应用，开拓转型升级新路径；加强自主供给，壮大产业体系新优势；夯实基础支撑，构筑智能制造新保障。

"六大行动"包括智能制造技术攻关行动、智能制造示范工厂建设行动、行业智能化改造升级行动、智能制造装备创新发展行动、工业软件突破提升行动、智能制造标准领航行动。

"四项措施"是强化统筹协调、加大财政金融支持、提升公共服务能力、深化开放合作。

四、智能制造的发展方向

智能制造是信息化与工业化深度融合的进一步提升。智能制造融合了信息技术、先进制造技术、自动化技术和人工智能技术。智能制造包括开发智能产品，应用智能装备，自底向上建立智能产线、构建智能车间、打造智能工厂，践行智能研发，形成智能物流和供应链体系，开展智能管理，推进智能服务，最终实现智能决策。

智能产品与智能服务可以帮助企业带来商业模式的创新；智能装备、智能产线、智能车间及智能工厂可以帮助企业实现生产模式的创新；智能研发、智能管理、智能物流与供应链可以帮助企业实现运营模式的创新；智能决策则可以帮助企业实现科学决策。

1. 智能产品

智能产品通常包括机械、电气和嵌入式软件，具有记忆、感知、计算和传输功能。典型的智能产品包括智能手机、智能可穿戴设备、无人机、智能汽车、智能家电、智能售货机等，包括很多智能硬件产品。智能装备也是一种智能产品。企业应该思考如何在产品中加入智能化的单元，提升产品的附加值，如图1-10所示。

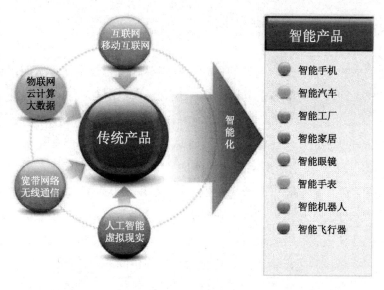

图 1-10　智能产品

2．智能服务

基于传感器和物联网可以感知产品的状态，从而进行预防性维修维护，及时帮助客户更换备品备件，甚至通过了解产品的运行状态，可以帮助客户带来商业机会，还可以通过采集产品运营的大数据，来辅助企业进行市场营销决策。此外，企业通过开发面向客户服务的 App，可以针对产品提供有针对性的服务，锁定用户，开展服务营销，如图 1-11 所示。

图 1-11　智能服务

3．智能车间

一个车间通常有多条生产线，这些生产线要么生产相似零件或产品，要么有上下游的装配关系。要实现车间的智能化，需要对生产状况、设备状态、能源消耗、生产质量、物料消耗等信息进行实时采集和分析，进行高效排产和合理排班，显著提高设备利用率。因此，无论是哪种制造行业，制造执行系统都是企业的必然选择。

五、智能制造关键技术

智能制造要求在产品全生命周期的每个阶段实现高度的数字化、智能化和网络化,以实现产品数字化设计、智能装备的互联与数据互通、人机交互,以及实时的判断与决策。工业软件的大量应用是实现智能制造的核心与基础,这些软件主要有计算机辅助设计(CAD)、计算机辅助制造(CAM)、计算机辅助工艺(CAPP)、企业资源管理(ERP)、制造执行系统(MES)、产品生命周期管理(PLM)等。

除工业软件之外,工业电子技术、工业制造技术和新一代信息技术都是构建智能工厂、实现智能制造的基础。应用型专业人才在掌握传统学科专业知识与技术的同时,还必须熟练掌握及应用这几种智能制造关键技术,以适应未来智能制造相关岗位的需求。

信息技术主要解决制造过程中离散式分布智能装备间的数据传输、挖掘、存储和安全等问题,是智能制造的基础与支撑。新一代信息技术包括人工智能、物联网、互联网、工业大数据、云计算、云存储、知识自动化、数字孪生技术及产品数字孪生技术、数据融合技术等。

纵观当今社会,智能制造技术无疑是世界制造业未来发展的重要方向之一。所谓智能制造技术,是指在现代传感技术、网络技术、自动化技术、拟人化智能技术等先进技术的基础上,通过智能化感知、人机交互、决策和执行技术,实现设计过程、制造过程和制造装备智能化,是信息技术和智能技术与装备制造过程技术的深度融合与集成。

下面简单介绍几种智能制造关键技术。

1. 人工智能

人工智能技术又称机器智能。通常人工智能是指通过普通计算机程序的手段实现的人类智能技术,人工智能技术包含机器学习、机器视觉、机器人技术、自然语言处理,以及自动化。

2. 工业互联网

工业互联网(Industrial Internet)是新一代信息通信技术与工业经济深度融合的新型基础设施、应用模式和工业生态,通过对人、机、物、系统等的全面连接,构建起覆盖全产业链、全价值链的全新制造和服务体系,为工业乃至产业数字化、网络化、智能化发展提供实现途径,是第四次工业革命的重要基石。

工业互联网不是互联网在工业中的简单应用,其具有更为丰富的内涵和外延。工业互联网以网络为基础、以平台为中枢、以数据为要素、以安全为保障,既是工业数字化、网络化、智能化转型的基础设施,也是互联网、大数据、人工智能与实体经济深度融合的应用模式,同时也是一种新业态、新产业,将重塑企业形态、供应链和产业链。

当前,工业互联网融合应用向国民经济重点行业广泛拓展,形成平台化设计、智能化制造、网络化协同、个性化定制、服务化延伸、数字化管理六大新模式，赋能、赋智、赋值作用不断显现，有力地促进了实体经济的提质、增效、降本、绿色和安全发展。

3. 数字化制造

数字化制造是指在数字化技术和制造技术融合的背景下，以及在虚拟现实（Virtual Reality，VR）、计算机网络、快速原型、数据库和多媒体等支撑技术的支持下，可以根据用户需求，迅速收集资源信息，对产品信息、工艺信息和资源信息进行分析、规划和重组，实现对产品设计和功能的仿真及原型制造，进而快速生产出达到用户性能要求的产品。

计算机技术的发展，使人类第一次可以利用极为简洁的"0"和"1"编码技术，来实现对一切声音、文字、图像和数据的编码及解码。各类信息的采集、处理、存储和传输实现了标准化和高速处理。数字化制造就是指制造领域的数字化，其是制造技术、计算机技术、网络技术与管理科学的交叉、融和、发展与应用的结果，也是制造企业、制造系统与生产过程、生产系统不断实现数字化的必然趋势。其内涵包括三个层面：以设计为中心的数字化制造技术、以控制为中心的数字化制造技术和以管理为中心的数字化制造技术。

4. 虚拟现实

虚拟现实是仿真技术的一个重要方向，是仿真技术与计算机图形学、人机接口技术、多媒体技术、传感技术、网络技术等的集合，是一门富有挑战性的交叉技术前沿学科和研究领域。虚拟现实技术主要包括模拟环境、感知、自然技能和传感设备等方面。模拟环境是指由计算机生成的、实时动态的三维立体逼真图像。感知是指理想的 VR 应该具有一切人所具有的感知。除计算机图形技术所生成的视觉感知外，还有听觉、触觉、力觉、运动等感知，甚至包括嗅觉和味觉等，也称为多感知。自然技能是指人的头部转动、眼睛、手势或其他人体行为动作，由计算机来处理与参与者的动作相适应的数据，并对用户的输入做出实时响应，分别反馈到用户的五官。传感设备是指三维交互设备。

5. 工业机器人

近年来，中国已成为工业机器人规模增长最快的国家之一，将迎来井喷式发展。这种井喷式增长与我国人口和经济现状密切相关，随着用工成本的增长，"人才红利"取代"人口红利"成为中国制造向中国智造转变的关键。在这样一个转折点上，工业机器人规模的井喷式增长既反映出这样的趋势，也将为中国制造提"智"奠定坚实基础。机器人产业作为高端智能制造的代表，在新一轮工业革命中将成为制造模式变革的核心和推进制造业产业升级的发动机。

工业机器人作为先进制造业中不可替代的重要装备，已成为衡量一个国家制造业水平和科技水平的重要标志（见图1-12）。我国正处于加快转型升级的重要时期，以工业机器人为主体的机器人产业，正是破解我国产业成本上升、环境制约问题的重要路径选择。中国工业机器人市场近年来持续表现强劲，市场容量不断扩大。工业机器人的热潮带动机器人产业园的新建。上海、徐州、常州、昆山、哈尔滨、天津、重庆、唐山和青岛等地均已经着手开建机器人产业园区。产业的发展急需大量高素质高技能型专门人才，人才短缺已经成为产业发展的瓶颈。

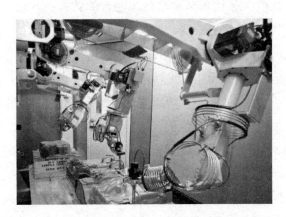

图1-12　工业机器人

6. 云计算平台

云计算模式提供可用的、便捷的、按需的网络访问，用户进入可配置的网络、服务器、存储、应用软件、服务计算等资源共享池，只需投入很少的管理工作，或与服务供应商进行很少的交互，便能够快速享用这些资源。云计算是分布式计算、并行计算、效用计算、网络存储、虚拟化、负载均衡、热备份冗余等传统计算机和网络技术融合发展的产物，是一种新兴的商业计算模型。

云计算平台也称为云平台，如图1-13所示。云计算平台可以划分为3类：以数据存储为主的存储型云平台、以数据处理为主的计算型云平台，以及兼顾计算和数据存储处理的综合云计算平台。

图1-13　云计算平台

活动设计

一、活动设备和工具的准备

序号	名称	简图	规格	数量	备注
1	平板电脑			25 台	设备
2	计算机			6 台	工具
3	书籍			若干本	

二、活动组织

1. 分小组学习，以 5 人为一个小组。
2. 设置小组长和资料收集员、记录员。
3. 小组中的成员分工互助，确保每一位组员都有参与机会。

工作岗位	姓名	岗位任务	备注
组长		1. 统筹安排小组工作任务，协调各组员开展活动； 2. 制订实施计划，并贯彻落实到小组中的每位成员，落实岗位职责； 3. 组织组员分析所收集的资讯，共同做好汇报	
记录员		1. 按工作任务要求，代表小组在任务书中记录活动过程中的重要数据与关键点； 2. 管理和整理与小组活动有关的文档资料	
资料收集员 1		1. 按工作任务要求，使用平板电脑、计算机快速收集相应的资料； 2. 分享资讯给组员	
资料收集员 2		1. 按工作任务要求，使用平板电脑、计算机快速收集相应的资料； 2. 分享资讯给组员	
资料收集员 3		1. 按工作任务要求，使用平板电脑、计算机快速收集相应的资料； 2. 分享资讯给组员	

三、注意事项

1. 过滤多余信息。
2. 爱护设备，绿色、高效上网。
3. 在自主学习的情况下，要多交流分享。
4. 注意时效性，及时关注新资讯。

四、活动实施

序号	步骤	操作及说明	活动要求
1	认识智能制造概述	1. 寻找"智能制造"的不同定义； 2. 初探智能制造：智能制造技术、智能制造系统	1. 通过书籍、平板电脑、计算机等途径获取信息； 2. 及时讨论、分析； 3. 收集关键信息，做好记录； 4. 资讯可以是文字、图片、视频等； 5. 资讯要尽量精简，不能整篇不加思考地复制； 6. 要针对要点，收集资讯
2	认识智能制造的意义	1. 了解推进智能制造的意义； 2. 探讨智能制造是我国产业转型升级的必由之路	
3	认识智能制造的发展历程	1. 认识智能制造的由来； 2. 了解国外的智能制造发展状况； 3. 加深对中国智能制造发展战略的认识	
4	认识智能制造的发展方向	1. 认识智能制造的优势； 2. 了解智能制造的发展方向	
5	认识智能制造的关键技术	1. 认识智能制造关键技术； 2. 简单介绍一两个关键技术	
6	展示	以小组为单位做一个结合实际认识智能制造的 PPT	把自己收集的资讯上传至学习通，小组在课堂汇报展示
7	评价、总结	1. 学习通上组间评价，教师点评（可课后进行）； 2. 评选优秀； 3. 教师总结	评价、总结

五、活动评价

序号	评价内容	评价标准	权重	小组得分
1	认识智能制造概述	对智能制造概念有进一步的认识，能自述智能制造包含哪些内容	15	
2	认识智能制造的意义	了解智能制造的意义，并能将智能制造结合我国产业转型进行思考	15	
3	认识智能制造的发展历程	了解智能制造的发展历程及各国的发展策略，并能深入了解我国智能制造发展战略	15	
4	认识智能制造的发展方向	了解智能制造的发展方向，并能列举其中的重点方向	15	
5	认识智能制造关键技术	能说出具体关键技术名称及概念，提高各种技术的认知水平	15	
6	展示	能整理自己收集到的资讯并展示	15	

续表

序号	评价内容	评价标准	权重	小组得分
7	评价、总结	能合理评价对方、接受别人的评价和意见,总结本课的重点知识	10	
	合计			

记录活动过程中的亮点与不足：

知识拓展

1. 我国智能制造的指导思想

《"十四五"智能制造发展规划》以习近平新时代中国特色社会主义思想为指导,全面贯彻党的十九大和十九届二中、三中、四中、五中、六中全会精神,立足新发展阶段,完整、准确、全面贯彻新发展理念,构建新发展格局,深化改革开放,统筹发展和安全,以新一代信息技术与先进制造技术深度融合为主线,深入实施智能制造工程,着力提升创新能力、供给能力、支撑能力和应用水平,加快构建智能制造发展生态,持续推进制造业数字化转型、网络化协同、智能化变革,为促进制造业高质量发展、加快制造强国建设、发展数字经济、构筑国际竞争新优势提供有力支撑。

2. 我国智能制造的重点任务

结合我国智能制造发展现状和基础,《"十四五"智能制造发展规划》围绕智能制造发展生态的四个体系,提出"十四五"期间要落实创新、应用、供给和支撑四项重点任务。

任务一：加快系统创新,增强融合发展新动能

一是攻克 4 类关键核心技术,包括基础技术、先进工艺技术、共性技术,以及人工智能等在工业领域的适用性技术。二是构建相关数据字典和信息模型,突破生产过程数据集成和跨平台、跨领域业务互联,跨企业信息交互和协同优化,以及智能制造系统规划设计、仿真优化 4 类系统集成技术。三是建设创新中心、产业化促进机构、试验验证平台等,形成全面支撑行业、区域、企业智能化发展的创新网络。

任务二：深化推广应用,开拓转型升级新路径

一是建设智能制造示范工厂,开展场景、车间、工厂、供应链等多层级的应用示范,培育推广智能化设计、网络协同制造、大规模个性化定制、共享制造、智能运维服务等新

模式。二是推进中小企业数字化转型，实施中小企业数字化促进工程，加快专精特新"小巨人"企业智能制造发展。三是拓展智能制造行业应用，针对细分行业特点和痛点，制定实施路线图，建设行业转型促进机构，组织开展经验交流和供需对接等活动，引导各行业加快数字化转型、智能化升级。四是促进区域智能制造发展，鼓励探索各具特色的区域发展路径，加快智能制造进集群、进园区，支持建设一批智能制造先行区。

任务三：加强自主供给，壮大产业体系新优势

一是大力发展智能制造装备，主要包括4类，即基础零部件和装置、通用智能制造装备、专用智能制造装备，以及融合了数字孪生、人工智能等新技术的新型智能制造装备。二是聚力研发工业软件产品，引导软件、装备、用户等企业及研究院所等联合开发研发设计、生产制造、经营管理、控制执行等工业软件。三是着力打造系统解决方案，包括面向典型场景和细分行业的专业化解决方案，以及面向中小企业的轻量化、易维护、低成本解决方案。

任务四：夯实基础支撑，构筑智能制造新保障

一是深入推进标准化工作，持续优化标准顶层设计，制（修）订基础共性和关键技术标准，加快标准贯彻执行，积极参与国际标准化工作。二是完善信息基础设施，主要包括网络、算力、工业互联网平台3类基础设施。三是加强安全保障，推动密码技术应用、网络安全和工业数据分级分类管理，加大网络安全产业供给，培育安全服务机构，引导企业完善技术防护体系和安全管理制度。四是强化人才培养，研究制定智能制造领域职业标准，开展大规模职业培训，建设智能制造现代产业学院，培养高端人才。

3. 广东省制造业

广东是建设制造强国的排头兵。2022年广东制造业总产值突破16万亿元，全部制造业增加值为4.4万亿元，占全国的八分之一。可以说，制造业既是广东深厚的"家当"，也是广东高质量发展的"利器"。

2020年，广东提出培育发展十大战略性支柱产业集群和十大战略性新兴产业集群，经过近几年的大力培育发展，目前已形成8个超万亿元级，3个五千亿至万亿元级，7个一千亿至五千亿元级，2个百亿元级的"8372"战略性产业集群发展格局，已成为广东坚持制造业当家，高质量建设制造强省的有力支撑。2023年一季度全省20个战略性产业集群实现增加值约1.14万亿元，占GDP比重近四成。

2023年6月，广东省委、省政府出台了《中共广东省委 广东省人民政府关于高质量建设制造强省的意见》（以下简称"制造业当家22条"），确定了2027年制造强省建设迈上重要台阶、2035年全面建成制造强省的战略目标，提出到2027年，制造业增加值占地区生产总值比重达到35%以上，制造业及生产性服务业增加值占比达到65%。"制造业当家

22条"紧紧围绕"大产业""大平台""大项目""大企业""大环境",聚焦重点产业和领域持续发力,着力实施制造业当家"大产业"立柱架梁行动、"大平台"提级赋能行动、"大项目"扩容增量行动、"大企业"培优增效行动、"大环境"生态优化行动,统筹推进坚持制造业当家、建设制造强省各项工作。

思政素材

当前,我国制造业面临异常严峻的挑战,在这种背景下,制造企业如何实现转型升级?推进智能制造成为重要的途径。我国制造企业在推进智能制造过程中面临诸多难点问题,亟须创新和突破!

01 概念满天飞,技术一大堆

从"工业4.0"的热潮开始,智能制造、CPS、工业互联网(平台)、企业上云、工业App、人工智能、工业大数据、数字工厂、数字经济、数字化转型、C2B(C2M)等概念接踵而至,对于大多数制造企业而言,可以说是眼花缭乱、无所适从。

智能制造涉及的技术非常多,如云计算、边缘计算、RFID、工业机器人、机器视觉、立体仓库、AGV、虚拟现实/增强现实、三维打印/增材制造、工业安全、TSN(时间敏感网络)、深度学习、Digital twin、MBD、预测性维护等,让企业目不暇接。这些技术看起来都很美,但如何应用,以及如何取得实效,很多企业还不得而知。

02 摸着石头过河

企业在推进智能制造过程中缺乏相关技术经验,目前,制造企业存在三种类型的孤岛,即信息孤岛、自动化孤岛、信息系统与自动化系统之间的孤岛。此外,许多企业缺乏统一的部门来系统规划和推进企业智能制造进程。在实际推进智能制造的过程中,企业也仍然是"头痛医头",缺乏章法。

03 理想很丰满,现实很骨感

推进智能制造,前景很美好。但是绝大多数制造企业利润率很低,缺乏自主资金投入。一些国有企业和大型民营企业可以争取到各级政府的资金扶持,但大多数中小企业只能"隔岸观火",自力更生。企业在智能化转型升级过程中,大屏幕指挥中心必须有,大量采用机器人的自动化生产线是必须建的,MES系统更是必不可少。至于究竟能否取得实效,就只有企业自知了。

04 自动化、数字化还是智能化

在推进智能制造过程中，不少企业对于建立无人工厂、黑灯工厂跃跃欲试，认为这些就是智能工厂。实际上，高度自动化是"工业3.0"的理念。

从技术和管理的角度来看，中国制造向中国"智造"转变还存在五大难点：

- 智能制造是基于新的物联网、大数据、云计算等数字化技术与先进制造技术的深度融合，贯穿于设计、供应、生产制造、服务等整个供应链制造、运营和管理环节。智能制造包含两个系统工程：一个是智能制造技术（制造技术和信息技术）整合的系统工程；另一个是管理的系统工程。目前，这两个系统工程不仅是中国企业面临的问题，欧美企业也同样面临这个问题。

- 装备制造业仍然是瓶颈，跟不上智能制造发展的要求。智能制造最终还是要落到制造技术和装备上，虽然我国在互联网、物联网、大数据、云计算等数字化技术及 5G 深入应用上处于优势地位，但在制造执行单元——机床方面，与欧美日相比还存在很大差距。

- 基础数据平台深度开发不受控。企业要实现智能制造，需要 MES 和 ERP 等两个基础系统平台。目前我国还没有自主研发的相关软件平台，需要依赖欧美，因此在深度定制开发上受到限制。

- 算法开发。智能制造需要基于数据并充分挖掘数据价值而实现自决策、自管理、自学习，从数据源采集、数据呈现、数据分析到自行诊断、自动反馈、自动调整控制，整个过程离不开算法开发。算法开发是一个多元跨界和交叉学科的技术，既要求对业务有深入理解，又要求有 IT 技术思维。目前，我国在算法开发的资源上还存在很大差距。

- 管理和组织的变革。一方面，智能制造基于数据可实现端对端、信息充分共享，以及管理平台化，打破了企业原有金字塔管理体制结构。另一方面，管理方式会因信息平台化而发生改变，个体和任务小团队的自管理、自决策机制会越来越普遍。

基于以上原因，智能制造还有很长一段路需要走。其中，有以下三点亟须创新和突破：

- 一是在技术上需要自主研发，突破技术瓶颈，同时关注整个生态链中的核心技术。
- 二是在管理上需要推动组织和管理的变革，以适应信息技术带来的管理变化。
- 三是在智能化道路上需要引入系统工程、顶层设计，只有这样才有可能实现制造技术、信息技术和组织管理三者的深度融合。

拓展作业

关注两个与智能制造相关的微信公众号，认真阅读一篇自己喜欢的文章，并谈谈你对智能制造的认识（写100字以上）。

任务二　认识智能制造生产线

职业能力

认识生产线的常见模式及发展方向，加深对企业智能制造生产线特点的了解；能正确认识智能制造生产线的组成，并能对广州市番禺区职业技术学校现有的校企合作生产线进行参观及分析。

核心概念

生产线：生产线就是指产品生产过程所经过的路线，即从原料进入生产现场开始，经过加工、运送、装配、检验等一系列活动所构成的路线。生产线是按对象原则组织起来的，是完成产品工艺过程的一种生产组织形式，即按产品专业化原则，配备生产某种产品（零部件）所需要的各种设备和各工种的工人，负责完成某种产品（零部件）的全部制造工作，以及对相同的劳动对象进行不同工艺的加工。

学习目标

1. 能说出生产线的常见模式及发展方向。
2. 了解智能制造生产线的特点。
3. 能简述智能制造生产线的组成。
4. 培养学生细心观察，深入分析的能力。
5. 提升学生对智能制造生产线的学习兴趣。

基础知识

一、生产线模式

目前，针对零部件批量加工，机械加工企业通常会装配各种生产线，主要有以下三种常见的生产线模式。

1. 人工生产线

人工生产线是指将零部件的工序全部分开，一台机床加工其中的一道工序或几道工序。零部件在各机床之间的转换采用人工进行转换，如图 1-14 所示。

人工生产线是国内前十年通常采用的机床连线方式，优点是技术门槛低，能快速组成生产线，柔性比较好。

人工生产线的缺点有：机床设备数量多，设备成本高；工人数量多，人工成本高；占用场地面积大，管理成本高；加工工艺链长，效率比较低；产品质量容易受工人技术水平高低的影响，产品质量难以控制。

图 1-14 人工生产线

2. 机械手连线组合机床生产线

机械手连线组合机床生产线是将零部件的工序全部分开，一台机床加工其中的一道工序或几道工序。零部件在各机床之间采用桁架机械手或关节机器人进行交换。

现在国内大部分机床厂和自动化厂普遍采用这类生产线。机械手连线组合机床生产线在国外已经普遍采用，如图 1-15 和图 1-16 所示，在国内近年得到大力推广，发展非常迅速，优点是节省人工。

图 1-15 采用桁架机械手进行连线

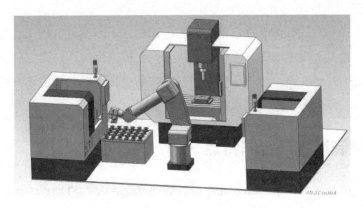

图 1-16 采用关节机器人进行连线

这类生产线的缺点是：设备数量多，成本高；由于需要安装桁架机械手或智能机器人，占用场地面积相对较大；加工工艺链长，效率比较低；零部件在机械手或机器人之间进行转换的时间长，影响加工节拍，其生产效率只有人工生产线的 80% 左右；桁架机械手或智能机器人的数量多，机床协调控制难度比较大；故障率较高，更换品种困难，生产线柔性相对不足。

3. 高度复合机床生产线

图 1-17 所示的是高度复合机床生产线，其工件一次装夹，即可完成零部件全部工序的加工。

图 1-17 高度复合机床生产线

高度复合机床生产线的优点是节省人工，一次性装夹，即可完成全部工序的加工，零部件的精度非常高。

其缺点是批量生产效率非常低，基本上只能适合单件小批量生产，或者用于产品打样，生产成本相对非常高，在大批量零部件加工领域不可能进行推广。

上述三种连线方式各有优缺点，第一种生产线在人工成本低，招工容易的环境下，非常适合，但是随着人工成本的提升，这种连线方式会被逐步淘汰；第二种生产线投入的成本较高，并且由于其柔性差，对于小批量加工或产品更换比较频繁的零部件加工，其实用性不是太强；第三种生产线方式根本不适合批量生产的零部件。

二、智能制造生产线的特点

智能化生产线是自动化生产线的升级版。智能化生产线在自动生产的过程中能够通过核心自动化大脑自动判断分析处理问题。下面以广晟德生产线为例来简单讲解一下自动化生产线和智能化生产线的特点对比。

1. 自动化生产线的特点

- ◇ 产品应有足够大的产量。
- ◇ 产品设计和工艺应先进、稳定、可靠，并在较长时间内保持基本不变。
- ◇ 在大批量生产中采用自动化生产线能提高劳动生产率、稳定性和产品质量。

2. 智能化生产线的特点

- ● 在生产和装配的过程中，能够通过传感器或 RFID 自动进行数据采集，并通过电子看板显示实时的生产状态。
- ● 能够通过机器视觉和多种传感器进行质量检测，自动剔除不合格品，并对采集到的质量数据进行 SPC 分析，找出质量问题的成因。
- ● 能够支持多种相似产品的混线生产和装配，灵活调整工艺，适合小批量、多品种的生产模式。
- ● 具有柔性，如果生产线上有设备出现故障，则能够调整到其他设备生产。
- ● 针对人工操作的工位，能够给予智能化的提示。

三、广州市番禺区职业技术学校的智能制造生产线

我校与广州市敏嘉制造技术有限公司、广州市同晋制冷设备配件有限公司共建了智能制造生产线实训基地。该生产线主要由自动料仓、工业机器人、车铣多联机、桁架机械手、输送带、中转机构、智能工业云平台等部分组成，通过总线控制方式，将各个部件之间进行智能化连接，如图 1-18 所示。

走进智能制造领域 | 项目 一

图 1-18　我校智能制造生产线的部分组成

◆ 自动料仓：自动料仓是智能制造生产线的重要组成部分，能自动配合机床设备进行上下料，一般由 PLC 控制，可存放上百件待加工零件。根据加工零件和对象的不同，自动料仓可分为圆盘式自动料仓、环形料仓、提升料仓、震动盘料仓等。

◆ 工业机器人：工业机器人是广泛用于工业领域的多关节机械手或多自由度机器装置，具有一定的自动性，可依靠自身的动力能源和控制能力实现各种工业加工制造功能。工业机器人被广泛应用于电子、物流、化工等各个工业领域。

◆ 车铣多联机：车铣是利用铣刀旋转和工件旋转的合成运动来实现对工件的切削加工，使工件在形状精度、位置精度、已加工表面完整性等方面达到使用要求的一种先进切削加工方法。车铣复合加工不是单纯地将车削和铣削两种加工手段合并到一台机床上，而是利用车铣合成运动来完成各类表面的加工，是在当今数控技术得到较大发展的条件下产生的一种新的切削理论和切削技术。

◆ 桁架机械手：机床制造过程中有效运用桁架机械手，是实现自动化生产的主要策略。桁架机械手具有可拼接、行程长、速度快、负载大、易维修等优点，桁架末端挂装针对指定工件的专用机械手，在预先编辑好的 PLC 控制程序下，可实现高效的快速搬运工作，桁架总控系统与加工设备实现信息通信，可以高效率地自动化加工生产。

◆ 输送带：应用于工件的输送和收集，主要安装在机床的下料部位，将每台机床的料进行收集，并汇集到一点，用于装箱或下一工序，如图 1-19 所示。

· 025 ·

图 1-19 广州市番禺区职业技术学校的智能制造生产线现场

活 动 设 计

一、活动设备及工具准备

序号	名称	简图	规格	数量	备注
1	平板电脑			25 台	设备
2	计算机			6 台	工具

二、活动组织

1. 分小组，以 5 人为一个小组。
2. 设置小组长、记录员，以及资料收集员。
3. 将小组中的分工进行互换，确保每个学生都有机会动手。

工作岗位	姓　名	岗位任务	备注
组长		1. 统筹安排小组工作任务，协调调度各组员开展活动。 2. 依据活动步骤，制订实施计划，并贯彻落实到小组每位成员，落实岗位职责。 3. 督促做好现场管理，落实"6S"制度	
记录员		1. 按工作任务要求，代表小组在任务书中记录活动过程中的重要数据与关键点。 2. 管理小组活动有关的文档资料。 3. 整理资料并上传学习通	
资料收集员1		1. 使用平板电脑拍照记录，并为图片做简要说明。 2. 查找部分设备的功能，收集安全标识等	
资料收集员2		1. 使用平板电脑拍照记录，并为图片做简要说明。 2. 查找部分设备的功能，收集安全标识等	
资料收集员3		1. 使用平板电脑拍照记录，并为图片做简要说明。 2. 查找部分设备的功能，收集安全标识等	

三、注意事项

1. 未经允许任何不相关的人不得进入生产工作区。
2. 不得追逐打闹。
3. 观察参观细节，并拍照记录。

四、活动实施

序号	活动	操作及说明	活动要求
1	参观认识生产线中的规章管理制度及文化建设	1. 分批进入实训基地。 2. 参观了解从实训基地门口到生产基地内的规章制度及文化建设内容。 3. 做好每个地方的拍照记录，并分析为什么要这样做	1. 参观过程中，分组分区域参观。 2. 拍照记录并及时讨论、分析。 3. 细心观察，针对任务要求，在生产线中寻找答案
2	参观认识生产线中的安全设施及标志	1. 寻找并拍照记录生产线中的安全标识及安全设施。 2. 分析安全设施是否做到位。 3. 讨论：能否进一步提高生产线中的安全系数	
3	参观认识生产线中的主要设备	1. 按自动料库→工业机器人→多联机→桁架机械手→输送带的顺序参观设备。 2. 拍照记录每个设备并分析设备之间是如何连接的。 3. 简单讨论、分析各设备的功能	
4	参观认识生产线中的加工流程	1. 通过视频及现场参观产品加工流程。 2. 复述整个加工流程	
5	参观认识生产线中的产品及品质控制	1. 参观产品毛坯及加工后的产品。 2. 认识产品的品质是如何控制的。 3. 拍照记录检测专用工具，并分析为什么要定制专用检测工具	

续表

序号	活动	操作及说明	活动要求
6	展示成果	1. 整理自己收集的资料,以PPT形式介绍生产线的文化、安全建设,重点介绍生产线的各组成部分,以小组为单位上传。 2. 抽组、抽问题,并做简要回答(每个问题不得超过2分钟)	把自己整理的信息,上传至学习通,在课堂汇报中分享
7	评价、总结	1. 学习通上完成组间评价,教师点评(可课后进行)。 2. 评选优秀。 3. 教师总结	组间点评、总结

五、活动评价

序号	评价内容	评价标准	权重	小组得分
1	参观认识生产线中的规章管理制度及文化建设	能找到相关的规章制度并说出其意义;能找出生产线中的文化建设并简要说明	10	
2	参观认识生产线中的安全设施及标志	能找到相关的安全标志并说出其含义;能找出生产线中的安全设施并简要说明	10	
3	参观认识生产线中的主要设备	能全部说出生产线中的主要设备及功能;能分析相关设备是如何连接组成生产线的	20	
4	参观认识生产线中的加工流程	能简述产品加工生产的整个流程	15	
5	参观认识生产线中的产品及品质控制	能说出相关检测工具,会分析如何提高产品质量	15	
6	展示	能整理自己收集的资料并展示	10	
7	评价、总结	能合理地评价对方,并接受别人的评价和意见。总结本任务的重点知识	10	
8	小组协作	小组之间分工合理,相互配合	10	
	合计			

记录活动过程中的亮点与不足:

知识拓展

智能制造生产线是目前工厂企业进行自动化改造的首选,自动化生产线的打造十分复杂,涉及众多专业性的科技和核心配置。

1. 智能数控系统

智能数控系统是智能机床的"大脑",在很大程度上决定了机床装备的智能化水平。与传统数控系统相比,智能数控系统除完成常规的数控任务外,还需要具有其他技术特征。首先,智能数控系统需要具备开放式系统架构,数控系统的智能发展需要大量的用户数据,只有建立开放式的系统架构,才能凝聚大量用户深度参与系统升级、维护和应用;其次,智能数控系统需要具备大数据采集与分析能力,支持内部指令信息与外部力、热、振动等传感信息的采集,获得相应的机床运行及环境变化大数据,并通过人工智能方法对大数据进行分析,建立影响加工质量、效率及稳定性的知识库,给出优化指令,提升自适应加工能力;最后,智能数控系统还需要具备互联互通功能,设置开放式数字化互联协议接口,借助物联网实现多系统间的互联互通,完成数控系统与其他设计、生产、管理系统间的信息集成与共享,如图1-20所示。

图 1-20 智能数控系统

2. 智能机器人

智能机器人是集计算机技术、制造技术、自动控制技术、传感技术及人工智能技术于一体的智能制造装备,其主体包括机器人本体、控制系统、伺服驱动系统和检测传感装置,具有拟人化、自控制、可重复编程等特点。智能机器人可以利用传感器对环境变化进行感知,基于物联网技术,实现机器与人员之间的交互,并自主做出判断,给出决策指令,从而在生产过程中减少对人的依赖。随着人工智能技术、多功能传感技术,以及信息收集、传输和分析技术的快速发展,通过配备传感器、机器视觉和智能控制系统,智能机器人正朝着服务化与标准化的方向发展,其中,服务化要求未来的智能机器人充分利用互联网技术,实现在线的主动服务,而标准化是指智能机器人的各种组件和构件实现模块化、通用化,使智能机器人的制造成本降低,制造周期缩短,应用范围得到拓展,如图1-21所示。

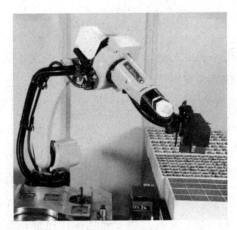

图 1-21 智能机器人

3. 伺服电动机

伺服电动机是指在伺服系统中控制机械元件运转的发动机,它可非常准确地控制速度、位置精度,可以将电压信号转化为转矩和转速以驱动控制对象。在自动控制系统中,用作执行元件,并且具有机电时间常数小、线性度高、始动电压小等特性,可将所收到的电信号转换成电动机轴上的角位移或角速度输出,如图 1-22 所示。

图 1-22 伺服电动机

4. 传感器

传感器是一种检测装置,能感受到被测量的信息,并能将感受到的信息按一定规律转换成电信号或其他所需形式的信息输出,以满足信息的传输、处理、存储、显示、记录和控制等要求。传感器是实现自动检测和自动控制的首要环节。

在现代工业生产尤其是自动化生产过程中,要用各种传感器来监视和控制生产过程中的各个参数,使设备工作在正常状态或最佳状态,并使产品达到最好的质量。因此可以说,没有众多优良的传感器,现代化生产也就失去了基础,如图 1-23 所示。

图 1-23 传感器

5. 工业相机

工业相机（见图 1-24）是机器视觉系统中的一个关键组件，其一般安装在机器流水线上代替人眼来做测量和判断，通过数字图像摄取目标转换成图像信号，传送给专用的图像处理系统。图像处理系统对这些信号进行各种运算抽取目标的特征，进而根据判别的结果控制现场的设备动作。

图 1-24 工业相机

6. 智能机床

传统数控机床不具有"自感知""自适应""自诊断"与"自决策"的特征，无法满足智能制造的发展需求。智能机床（见图 1-25）可被视为数控机床发展的高级形态，它融合了先进制造技术、信息技术和智能技术，具有自我感知和预估自身状态的能力，其主要技术特征包括：利用历史数据估算设备及关键零部件的使用寿命；能够感知自身加工状态和环境变化，诊断出故障并给出修正指令；对所加工工件的质量进行智能化评估；基于各种功能模块，实现多种加工工艺，提高加工效能，并降低对资源和能源的消耗。以智能数控车床为例,通过在车床的关键位置安装力、变形、振动、噪声、温度、位置、视觉、速度、加速度等多源传感器,采集车床的实时运行数据及相应的环境数据,形成智能化的大数据环境与大数据知识库,进一步对大数据进行可视化处理、分析及深度学习,形成智能决策。

图 1-25　智能机床

7. 智能单元与生产线

智能单元与生产线是指针对制造加工现场特点,将一组能力相近的加工模块进行一体化集成,从而实现各项能力的相互接通,具备适应不同品种、不同批量产品生产能力输出的组织单元,如图 1-26 所示。智能单元与生产线也是数字化工厂的基本工作单元。智能单元与生产线还具有独特的属性与结构,具体包括结构模块化、数据输出标准化、场景异构柔性化及软硬件一体化。在建立智能单元与生产线时,需要从资源、管理和执行三个维度来实现基本工作单元的智能化、模块化、自动化和信息化功能,最终保证工作单元的高效运行。

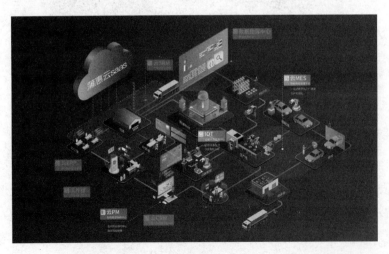

图 1-26　智能单元与生产线

思政素材

美的数字化转型案例分享

- 美的集团过去近十年的数字化转型历程，是中国制造业企业转型升级的一个典型样本，也是中国制造走向中国智造的一个缩影。
- 2020年，美的集团确定的核心战略就是全面数字化和全面智能化，要把全部的产品用软件来定义，用内容增强用户的服务，来改变美的的交互方式。
- 美的数字化涉及全价值链的合作伙伴、供应商、销售伙伴，这些都要用数字化支撑起来，用数据驱动业务运营。
- 2020年年底，清华技术与创新研究中心承担美的创新管理体系咨询，对美的进行了深度调研和分析。

美的市值10倍的成长背后，正是它10年的数字化转型之路，如图1-27所示。

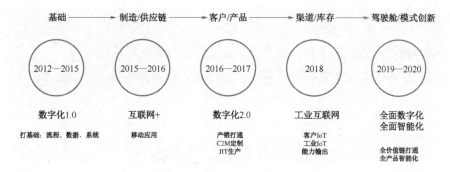

图 1-27　美的10年数字化转型之路

从最开始的打基础，到从制造和供应链切入，再到终端用户产品和生产基地，最后到代理商、渠道、库存等的不断延伸。

美的通过数字化科技升级延伸了企业数字化的广度，如图1-28和图1-29所示。

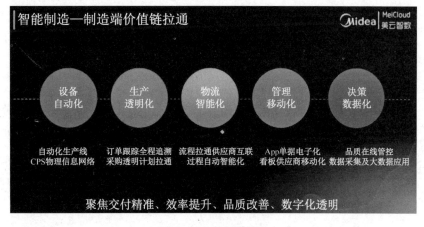

图 1-28　价值链拉通

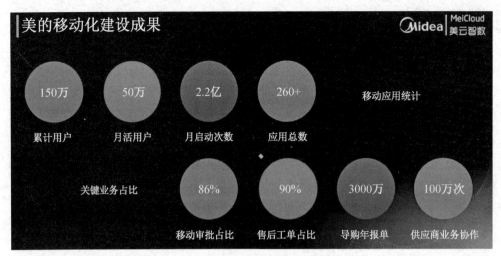

图 1-29　美的移动化建设成果

拓展作业

一、如何通过总线控制方式，将各个部件之间进行智能化连接？

二、了解物联网、大数据、云计算、机器学习、智能传感器、互联互通和远程运维。

项目二 自动料仓的操作与联调

机械零部件自动化生产线加工、上下料工作一般由自动料仓和机器人配合完成。自动料仓辅以机器人，可实现零件自动上下料、零件翻转、零件转序等工作，在自动化生产制造技术中应用非常广泛。自动料仓为非标设备，通常根据零件产品形状设计定制，一般由承放物料工位、循环驱动结构、物料推举机构和物料检测机构组成。常见的圆盘式自动料仓如图2-1所示。

图2-1 常见的圆盘式自动料仓

任务一 认识自动料仓

职业能力

能正确认识圆盘式自动料仓的结构组成、功能特点、适用场合、常用类型等，并由此迁移认知自动生产线其他类型自动料仓设备。

核心概念

- 自动料仓。自动料仓是智能制造生产线的重要组成部分，能自动配合机床设备进行上下料，一般由PLC控制，可存放上百件待加工零件。根据所加工零件和对象的不同，料仓分为圆盘式自动料仓、环形料仓、提升料仓和震动盘式料仓等。
- 凸轮分割器。凸轮分割器是实现间歇运动的机构，具有分度精度高、运转平稳、传递扭矩大、定位时自锁、结构紧凑、体积小、噪声小、高速性能好、寿命长等显著特点，是替代槽轮机构、棘轮机构、不完全齿轮机构、气动控制机构等传统间歇运动机构的理想产品。

学习目标

1. 能描述自动料仓的常见类型与应用。
2. 能陈述圆盘式自动料仓的结构组成、功能特点和应用场合。
3. 能简述其他类型自动料仓的应用场合与功能特点。
4. 培养分工协作和探索进取的职业精神。

基础知识

一、自动料仓的分类

自动料仓可以实现零件的自动上下料等工作，可以用单独的控制器进行控制，不影响其他自动生产设备的运转，具有很高的效率，结构简单，易于维护，可以满足不同种类的产品生产，广泛应用于自动生产线。

自动料仓可根据零件的形状、大小、质量及料仓功能来分类。

按自动料仓功能分类，可分为皮带式料仓、链条式料仓、托盘式料仓、旋转式料仓、点阵式料仓、多层式料仓、提升式料仓、板链式料仓、拨盘式料仓、震动盘式料仓等。图

2-2 所示为托盘式料仓，图 2-3 所示为多层式料仓。

图 2-2　托盘式料仓

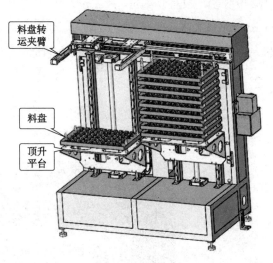

图 2-3　多层式料仓

二、认识圆盘式自动料仓

圆盘式自动料仓主要由料库底座、电气控制柜、分割器、减速电动机、驱动电动机、旋转料盘、托料装置、主定位杆、辅定位杆、举升电动机、顶料机构、到位检测开关、分度检测开关、上下限位开关、控制面板等组成，其外观结构如图 2-4 所示。

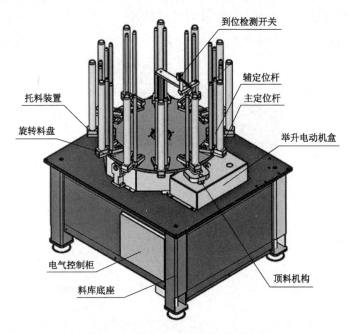

图 2-4　圆盘式自动料仓的外观结构

1. 旋转料盘

旋转料盘一般有 6 工位、8 工位、10 工位、12 工位、16 工位等多种，每个托料装置可放置 6~16 个工件，放置工件总数为工位数×单件托料装置放置数。辅定位杆可以根据工件的大小进行适当调整，以便适合不同外形的工件。

2. 控制面板

圆盘式自动料仓的控制面板如图 2-5 所示，面板外部有急停开关，触摸屏为主要控制中心，动作功能包括手动、自动、料仓启动、毛坯上升、毛坯下降、料盘单步等。

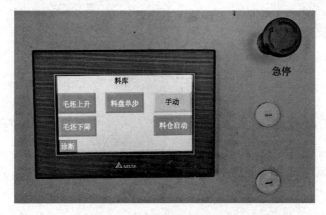

图 2-5　圆盘式自动料仓的控制面板

3. 分割器

分割器是控制圆盘式自动料仓转盘旋转分度的机构，其旋转精度由分度检测开关进行控制。分割器和减速电动机的安装如图 2-6 所示。

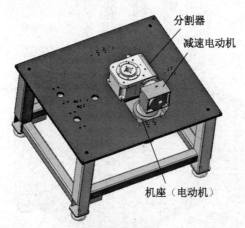

图 2-6　圆盘式自动料仓分割器和减速电动机的安装

常见的分割器为凸轮分割器，也习惯称为间歇分割器，如图 2-7 所示。分割器是实现间歇运动的机构，具有分度精度高、运转平稳、传递扭矩大、定位时自锁、结构紧凑、体积小、噪声小、高速性能好、寿命长等显著特点，是替代槽轮机构、棘轮机构、不完全齿轮机构、气动控制机构等传统机构的理想产品。其机械结构由电动机驱动的输入轴、凸轮副、输出轴或法兰盘组成。安装工件及定位夹具等负载的转盘就安装在输出轴上。凸轮分割器广泛应用于需要把连续运动转化为步进动作的各种自动化机械上。

图 2-7　凸轮分割器

4．减速电动机

减速电动机一般由三相异步电动机和蜗轮蜗杆减速器组合而成，用来降低转速和增大转矩，以满足自动料仓的工作需要。其外观结构如图 2-8 所示。

图 2-8　减速电动机

5．顶料机构

顶料机构由顶料电动机，顶料杆，顶料块，上、下限位检测块组成，如图 2-9 所示。顶料机构要有足够的顶出力和一定的顶出行程，顶出时机要准确地与料盘的工作要求匹配。顶料机构的工作行程由上、下限位检测块的安装位置控制。

顶料电动机一般为减速电动机，其外形如图 2-10 所示，功率为几十到几百瓦不等，并配有齿轮减速机。

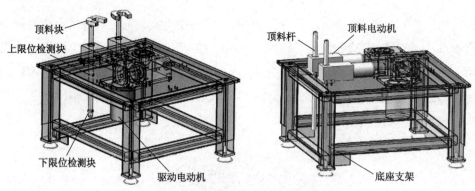

图 2-9 顶料机构的结构示意图

图 2-10 顶料电动机的外形图

6. 托料装置

托料装置包括垫板、垫块、调节块、上料杆、定位杆等组成,主要功能是将典型零件按相关精度要求固定在旋转料盘上,以配合其他机构执行存储工序。托料装置结构图如图 2-11 所示。

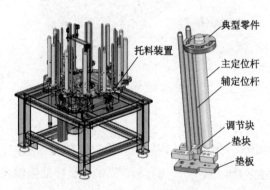

图 2-11 托料装置结构图

7. 技术参数

圆盘式自动料仓的主要技术参数见表 2-1,包括托盘数量、旋转形式、定位方式、控制方式、单工位最大承重、料仓最大承重、零件最大尺寸（直径）、零件最大堆垛高度等。

表 2-1　圆盘式自动料仓的主要技术参数

型号/名称	参数	单位
托盘数量	8，10，12，16	个
旋转形式	分割器传动工位移动	
定位方式	凸轮分割器定位	
控制方式	独立 PLC	
单工位最大承重	20	kg
料仓最大承重	500	kg
零件最大尺寸（直径）	30～150	mm
零件最大堆垛高度	400	mm

三、圆盘式自动料仓的应用

圆盘式自动料仓主要应用于盘类和短轴类零部件上、下料场合，在自动生产线上下料系统中应用广泛。

根据工件的大小和储料要求，选择不同的分度盘和不同的分割器及减速电动机，常见的托料装置工位数为偶数，数量范围比较大。

定位料杆也可以根据工件的不同类型进行选择，分为内孔定位和外圆定位，不规则产品可以根据实际形状设计定位装置。

四、圆盘式自动料仓的优点和特点

1. 优点

（1）人工放料后可供机床持续加工，减少等待时间。

（2）主要配合机器人自动运行加工，可实现半自动化或全自动化加工。

（3）可实现一个人工操作多台加工设备。

2. 特点

（1）节省人力。减少人工上料，降低安全风险。

（2）可实现高速运行。可调节不同的工作速度，满足快速上料需求。

（3）工作范围广。适合各类数控车、铣、磨等机床加工上料。

活动设计

一、活动设备、工具准备

序号	名称	简图	规格	数量	备注
1	圆盘式自动料仓		PR02	6台	设备
2	内六角扳手套装	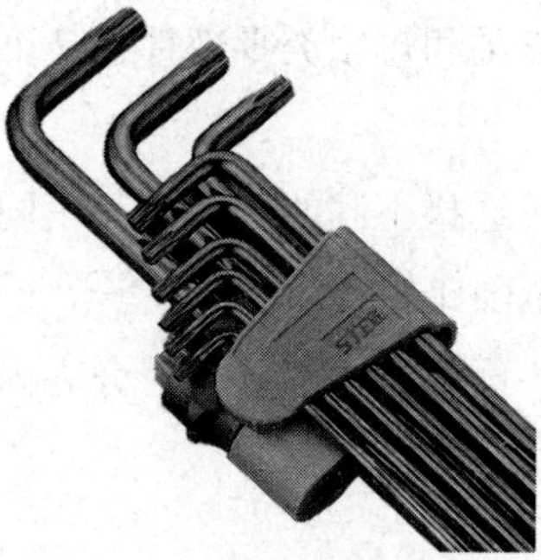	8件套装	6台	工具

二、活动组织

1. 以5人为一个小组分学习小组。
2. 设计组长、记录员、操作员、校检员和安全员等角色,对活动过程全面记录。
3. 小组中的分工可在不同项目任务中进行互换,确保每个学生有操作的机会。

工作岗位	姓　名	岗位任务	备　注
组长		1. 统筹安排小组工作任务,协调调度各组员开展活动。 2. 制订实施计划,并贯彻落实到小组每位成员,落实岗位职责。 3. 督促做好现场管理,落实"6S"制度和安全生产制度	
记录员		1. 按工作任务要求,代表小组在任务书中记录活动过程中的重要数据与关键点。 2. 管理与小组活动有关的文档资料	
操作员		1. 按工作任务要求,代表小组实施具体的设备操作。 2. 按任务要求拆装相关的设备或部件	

续表

工作岗位	姓　名	岗位任务	备　注
校检员		1. 负责校检实施过程的可行性、安全性和正确性。 2. 督促小组成员按所制订的计划实施活动，确保活动有效完成	
安全员		1. 熟悉设备操作的安全规范，提出安全实施保障措施。 2. 督促小组在活动实施过程中落实安全保障措施，监督安全生产	

三、安全及注意事项

1. 防止生产线其他设备的误操作而伤人。
2. 注意按操作规程操作设备，以免损坏设备。
3. 注意现场 6S 管理，在确保安全规范的前提下开展活动。

四、活动实施

序号	步骤	操作及说明	操作注意事项
1	认识圆盘式自动料仓的外观结构	1. 确保在生产线处于停止状态、圆盘式自动料仓处于断电状态下开展。 2. 按《任务书》要求，逐个认识圆盘式自动料仓直观可见的结构组成部分，包括控制面板、旋转料盘、托料装置、铭牌、顶料机构、到位检测开关等，并记录相关的主要参数或关键文字 	1. 确保安全，非操作员，不得跨越现场防护栏。 2. 不得随意触摸设备物件，防止毛刺伤手

续表

序号	步骤	操作及说明	操作注意事项
2	认识切割器和减速电动机的内部结构	1. 用内六角扳手拆开料仓底座护板，观察减速电动机。 2. 熟悉电动机、减速器、切割器的安装位置，理解自动料仓主传动过程和控制原理。 3. 观察顶料杆的安装位置，观察上、下限位检测开关。  （图：驱动电动机、上限位检测、下限位检测） 4. 观察记录完成后，装回底座护板并复原	1. 拆装规范、不损坏物件。 2. 观察时防止碰头，注意保护手
3	认识控制面板	1. 在确保安全的情况下，将圆盘式自动料仓通电。 2. 观察控制面板正面的功能按钮，熟悉各功能按钮的控制内涵。 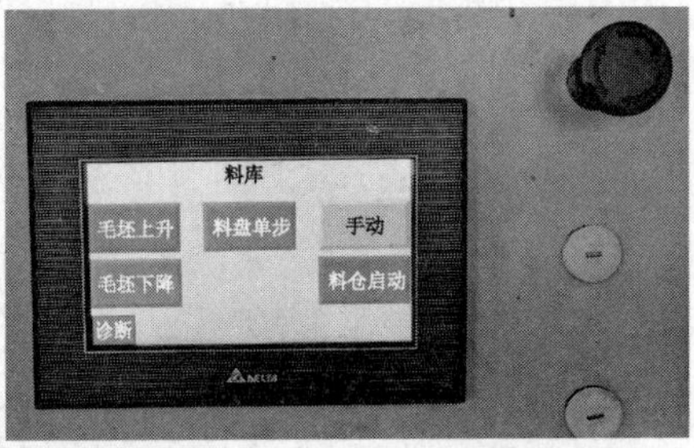 （图：料库 毛坯上升 料盘单步 手动 毛坯下降 料仓启动 诊断） 3. 观察触摸屏面板的反面，熟悉基本接线要求 	1. 观察时不能随意按压按钮或点击面板，以免引起设备误操作而伤人。 2. 认识控制面板时需系统上电，但必须确保生产线处于停止运行状态

续表

序号	步骤	操作及说明	操作注意事项
4	观察电气控制柜的内部结构	1. 在确保设备处于断电状态下进行。 2. 按锁销打开电气控制柜，观察内部结构，认识主要电气元件。 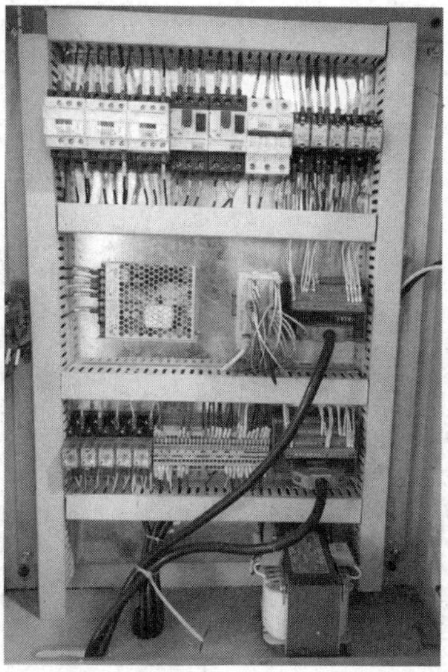 3. 观察结束后，关闭电气控制柜门，并上锁销	1. 注意不要用任何物件触碰电气元件。 2. 观察结束后关闭柜门，恢复到拆前状态

五、活动评价

序号	评价内容	评价标准	权重	小组得分
1	认识圆盘式自动料仓的外观结构	能正确辨识部件与构件	25	
		6S 管理达到要求	10	
2	认识切割器和减速电机等的内部结构	拆装步骤规范	10	
		能正确辨识部件与构件	10	
		场地复原符合规范	5	
3	认识控制面板	正确辨识功能按钮	10	
		完成后恢复正常状态	5	
4	观察电气控制柜的内部结构	正确辨识控制柜内部电气元件，熟悉基本功能	10	
		完成后恢复正常状态	5	
5	小组协作	小组分工合理，相互配合	10	
	合计			

记录活动过程中的亮点与不足：

智能制造技术

知 识 拓 展

在自动化技术飞速发展的今天，自动料仓在智能制造领域占有非常重要的地位，甚至给工业生产带来革命性的意义。除圆盘式自动料仓之外，自动生产线机器人上下料料仓系统还有针对特种零部件的环形料仓、阵列式料仓、点阵式料仓、提升式料仓、震动盘式料仓、皮带式料仓和多层式料仓等，如图 2-12～图 2-18 所示。

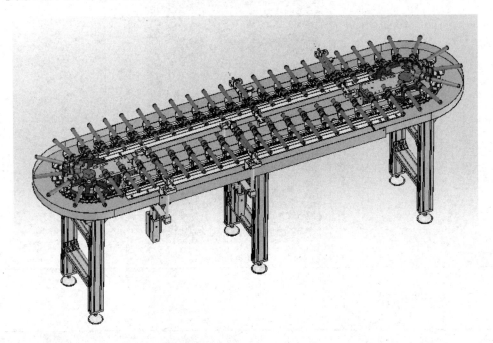

图 2-12　环形料仓

图 2-13　阵列式料仓

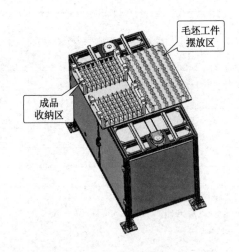

图 2-14　点阵式料仓

图 2-15 提升式料仓

图 2-16 震动盘式料仓

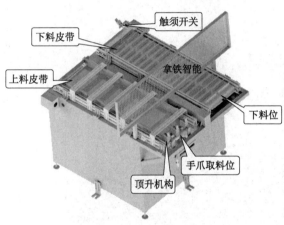

图 2-17 皮带式料仓

图 2-18 多层式料仓

思政素材

AI 技术在制造业渗透率仅为 4%？这里是个例外

专业机构预测，全球 AI 市场规模在 2025 年将超 6 万亿美元。尽管智能制造产业快速发展，但是直到 2021 年，AI 渗透率仅为 4%，占比非常低。未来，AI 深度学习料仓管理系统包含深度学习算法、边缘采集、云标注、云训练、云部署、高清拍摄等功能，标配在智能制造全系列产品上。如图 2-19 所示，机器人通过手臂上的高清摄像头，识别零件状态，对生产线中物料误放置率高的工序进行智能判断，实现零件状态判断的无人化；不需要额外增加传感器，即可达成百分之百的正确率，助力自动生产线效益大大提升。

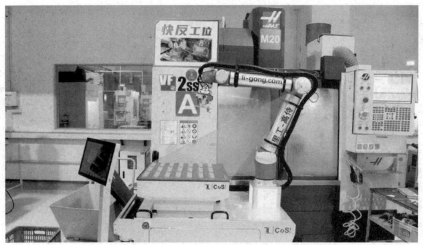

图 2-19　融入 AI 技术的自动料仓

拓展作业

试分析图 2-20 所示的方形自动料仓与圆盘式自动料仓工作的异同。

图 2-20　方形自动料仓

任务二　自动料仓的操作

职业能力

能按操作规程正确操作圆盘式自动料仓，熟悉圆盘式自动料仓的基本调整，会排除简单故障，确保自动料仓在连续运转过程中正确、可靠、精准地将待加工工件自动送到上料机器人抓取的工作位置。

核心概念

- ◆ 料仓运行时序图。料仓运行时序图是用来描述料仓各部件之间发送消息与运行的时间顺序，显示料仓多个对象之间动态协作状态的逻辑图。
- ◆ 料仓操作规程。料仓操作规程是指为保证自动料仓安全、稳定、有效运转而制订的操作自动料仓时必须遵循的程序或步骤。

学习目标

1. 能画出料仓时序图并简述料仓工作过程。
2. 熟悉操作规程，能熟练操作圆盘式自动料仓。
3. 会对圆盘式自动料仓进行简单调整。
4. 培养严谨细致、规范安全的操作习惯。

基础知识

一、圆盘式自动料仓操作规程

图 2-21 所示圆盘式自动料仓的基本安全操作规程如下：

1. 圆盘式自动料仓水平安装在稳固平面上是基础前提，确保运行中无振动。
2. 上电时，直接打开自动料仓总电源开关，释放急停开关，圆盘式自动料仓系统得电。下电时，先按急停开关，然后关闭总电源开关。
3. 圆盘式自动料仓的上料工作不得超过出厂铭牌规定规格、载重，待上料应有序堆放在料仓旁。
4. 自动化上料作业前，应检查并确认各传动部件连接牢固、可靠，先空运转 2～3 个工位，确认正常后方可开始作业。

5. 自动化作业时，非操作和辅助人员应在生产线安全栅栏外活动。

6. 当需要添加工件时，须确保转盘处于停止状态，无安全隐患。

7. 当出现紧急情况时，立刻按下操作屏幕旁边的急停开关；当故障解除时，旋转急停开关复位。

8. 生产作业停止后，应对圆盘式自动料仓进行清洁保养，保持现场整洁。

9. 作业后，应切断电源，锁好电闸箱，做好日常保养工作。

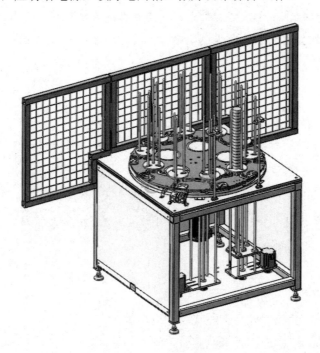

图 2-21　圆盘式自动料仓

二、料仓操作者注意事项

1. 禁止非专业人员操作料仓，非专业技术人员不能更改料仓参数。

2. 禁止操作人员戴手套操作料仓电子触摸屏，以防误操作。

3. 启动料仓时，注意观察料仓上料位是否在原点方位，如不在，请手动恢复原位后再运转生产线。

4. 注意料仓和上料机器人的运行时序是否配合，如有失配现象，则必须调整到位后方可持续运行。

5. 注意防止车间灰尘、油污物影响检测开关的灵敏性，以防发生误操作。

6. 出现工件未到位、工件未取出、工件掉落等故障时，应立即暂停，排除故障后方可继续运行。

三、圆盘式自动料仓运行时序图

料仓运行时序图是 PLC 控制料仓运行的必要步骤，熟悉料仓控制互锁条件，对明晰自动料仓工作过程、理解自动料仓工作原理非常重要。圆盘式自动料仓时序图如图 2-22 所示。

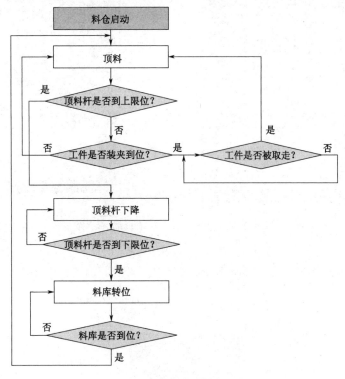

图 2-22　圆盘式自动料仓时序图

四、圆盘式自动料仓的工作过程

圆盘式自动料仓的工作过程：料库启动，工件到位检测开关检测是否有坯料到装夹位，如果没有检测信息，则顶料机构开始顶料；如果顶料杆到上限位，则顶料杆下降到下限位，分割器驱动料盘转位，旋转到位之后检测开关检测凸轮信息确保料库转位到位；如果顶料杆未到上限位，则顶料杆顶料，每次顶一个工件高度，工位到装夹位，工件被机器人取走，顶料杆继续顶料，直至托料装置上的工件被全部顶完，则料仓转位到下一个工位，依次循环，从而实现连续供料。相关信息检测开关位置图如图 2-23 和图 2-24 所示。

圆盘式自动料仓正常运行的重要控制信号如下：

（1）料库换位转动的必要条件是，顶料杆下降到下限位，接近开关感应到亮起信号，确认顶料杆下降到与转盘不干涉的位置，否则可能会出现转位转盘卡住，电动机过载的现象。

（2）顶料杆上升的条件是料盘转动到位，并且转动到位后接近开关能感应到并亮起信号灯。

（3）料盘换位的信号为顶升上限位处接近开关感应信号灯亮起后，顶料杆下降到下限位，表示当前料盘最后一块毛坯件已被取走，并且顶料杆不干涉料盘转动。

（4）机器人在料库上抓料的条件为工件到位检测开关有信号。

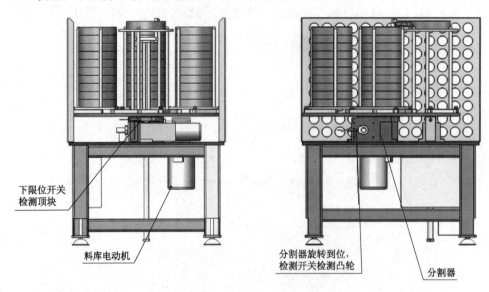

图 2-23　圆盘式料仓下限位检测开关、旋转到位检测开关位置图

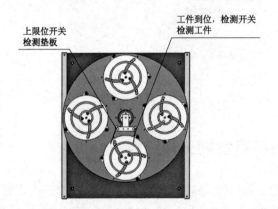

图 2-24　圆盘式料仓上限位检测开关、工件到位检测开关位置图

五、圆盘式自动料仓的联调

1. 配合机器人取料位置调整

图 2-25 所示为 12 工位的圆盘式自动料仓。自动生产线连续运行，上料时要先使料仓旋转到合适位置，顶料杆将工件顶升到取料位置，到位检测开关检测到工件信号，在保障机器人夹头能顺利实现取料时才能进入自动运行模式。一般操作为，开启料仓，通过手动控制料仓旋转和顶料杆升降来实现料仓把工件顶升到取料位置，然后将料仓的工作模式调整为"自动模式"，按料仓启动按钮实现连续工作。

图 2-25 圆盘式自动料仓取料位置

2. 更换工件的调整

盘类零件在料仓中的定位：一般用主定位杆实现内径定位，用辅定位杆实现外形定位。当工件改变时，要根据料仓的实际承载能力和托料装置的参数，变更主定位杆或辅定位杆，如图 2-26 所示。通常当工件的内径尺寸有改变时，需要调整主定位杆的尺寸；当工件外形改变时，则需要调整辅定位杆的位置来满足定位精度的要求。如果工件厚度尺寸发生变化，则还要通过调整 PLC 控制的顶料电动机来实现顶升距离调整。

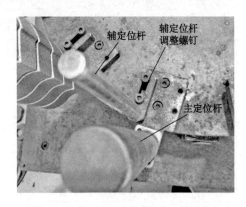

图 2-26 料仓托料装置的主、辅定位杆

活动设计

一、活动设备、工具准备

序号	名称	简图	规格	数量	备注
1	圆盘式自动料仓		PR02	6 台	设备

续表

序号	名称	简图	规格	数量	备注
2	气缸件毛坯		HF302	若干	材料

二、活动组织

1. 分成学习小组，5人为一个小组。
2. 设置组长、记录员、操作员、校检员和安全员，对活动过程全面记录。
3. 小组中的分工可在不同项目任务中进行互换，确保每个学生都有动手机会。

工作岗位	姓 名	岗位任务	备 注
组长		1. 统筹安排小组工作任务，协调调度各组员开展活动； 2. 制订实施计划，并贯彻落实到小组每位成员，落实岗位职责； 3. 督促做好现场管理，落实"6S"制度和安全生产制度	
记录员		1. 按工作任务要求，代表小组记录活动过程中的重要数据与关键点； 2. 管理与小组活动有关的文档资料	
操作员		1. 按工作任务要求，代表小组实施具体的设备操作； 2. 按工作任务要求拆装相关设备或部件	
校检员		1. 负责校检实施过程中的可行性、安全性和正确性； 2. 督促小组成员按所制订的计划实施活动，确保活动有效完成	
安全员		1. 熟悉设备的操作安全规范，提出安全实施保障措施； 2. 督促小组在活动实施过程中落实安全保障措施，监督安全生产	

三、安全及注意事项

1. 防止由于自动生产线其他设备的误操作而伤人，操作时整条生产线要处于暂停状态。
2. 严格按照安全操作规程操作设备，杜绝多人操作料仓，小组成员根据分工各司其职。
3. 禁止戴手套操作触摸屏，以防误操作。
4. 注意现场6S管理，在确保安全规范的前提下开展活动。

四、活动实施

序号	步骤	操作及说明	操作注意事项
1	料仓上料	1. 辨认毛坯料的正、反面，带字母面为正面，无字母面为反面。 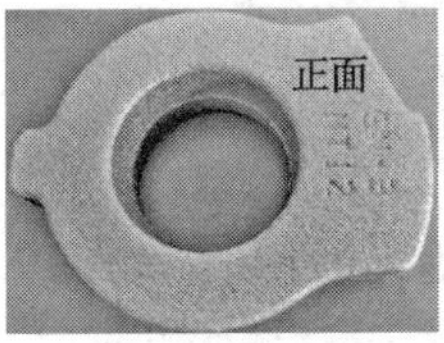  2. 将毛坯料从料框中拿出，放置到料仓托料装置中。必须反面朝上，正面朝下，并转动坯料使其贴紧辅定位杆。  3. 料仓装满料后，准备启动 	1. 需要戴手套上料。 2. 放置料盘上的毛坯料时必须反面朝上。 3. 毛坯料左边凸起，紧靠辅定位杆。 4. 每个托料装置装8个毛坯料。 5. 整个料盘全部装满工件，总数为96个。 6. 装料时防止跌落
2	启动料仓	电源系统上电，释放急停按钮，启动自动料仓 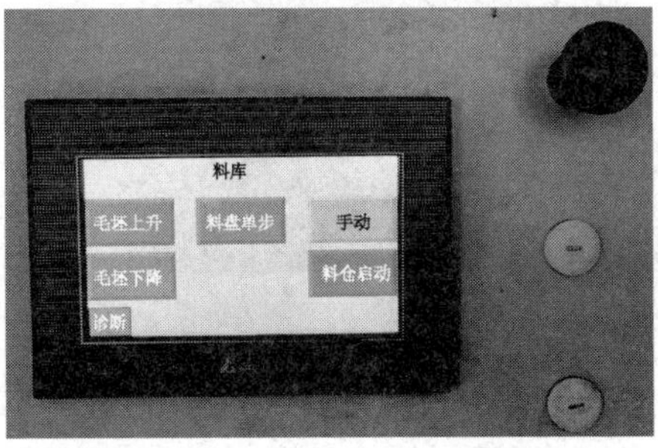	1. 启动料仓时，不能戴手套操作。 2. 启动料仓时，应先上电，然后释放急停开关

续表

序号	步骤	操作及说明	操作注意事项
3	旋转料仓	1. 将料仓的工作模式调整为"手动状态"。 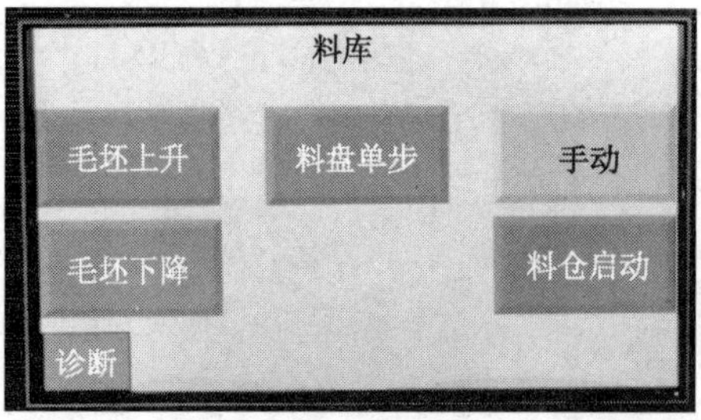 料库 毛坯上升　料盘单步　手动 毛坯下降　　　　料仓启动 诊断 2. 确保料仓的顶料杆处于下限位置。  3. 点击触摸屏上的"料盘单步"按钮，每点击一次，料盘旋转一个工位，定位精度由分割器和分度检测开关控制  	1. 不能戴着手套操作。 2. 触摸屏控制旋转料仓时，须将料仓的工作模式调整为"手动状态"。 3. 点击"料盘单步"按钮时，必须确保顶料块处于下限位置，以防误动作。 4. 若顶料块不在下限位置，则可先按"毛坯下降"按钮使顶料块下降到最低位置

自动料仓的操作与联调 | 项目 二

续表

序号	步骤	操作及说明	操作注意事项
4	顶料块上升	1. 料仓的工作模式调整为"手动状态"。 2. 点击"毛坯上升"按钮，顶料机构将工件举升，举升时需要长按按钮才可连续举升。 3. 自动运行时每次举升一个工件高度，由 PLC 信号控制。 4. 举升的极限位置为托料装置中最后一个工件，上限位检测开关发出到位信号 	1. 不能戴着手套操作。 2. 当手动操作顶料块上升时，需要长按"毛坯上升"按钮。 3. 顶料块上升到上极限位置时，会自动停止。 4. 在顶料块上升过程中，如有多个坯料，则要注意防止坯料跌落
5	顶料块下降	1. 将料仓的工作模式调整为"手动状态"。 2. 点击"毛坯下降"按钮，顶料机构顶料块下降，若要连续下降，则需要长按按钮。  3. 顶料块下降到最下端时，上限位检测开关发出到位信号	1. 不能戴着手套操作。 2. 手动操作顶料块下降时，需要长按"毛坯下降"按钮。 3. 顶料块下降到下极限位置时，会自动停止

续表

序号	步骤	操作及说明	操作注意事项
6	机器人取料	1. 工件到取料位置时，机器人会自动取走工件。 2. 取走工件后，工件到位传感器检测显示无坯料信息，通过 PLC 提示顶料机构顶升下一个坯料。 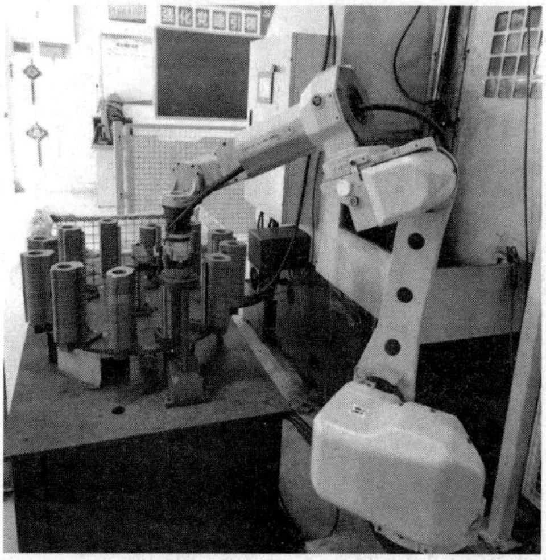 3. 当每一组托料装置上的 8 个工件被全部取走，顶升到最后一个坯料时，工作到位检测开关发现无坯料，发信号给顶升机构。此时，顶升机构已上升到上极限位置，会发出顶料块下降信息。 4. 当顶料块下降到下极限位置时，料仓自动旋转到下一个工位 	1. 机器工作运行时，须站立在防护栏外操作，以防伤人。 2. 机器人连续运转时，要将料仓的工作模式调整为"自动模式"。 3. 机器人连续运转时，料仓要按"料仓启动"按钮，使料仓处于自动工作状态。 4. 料仓自动运行一段时间后，需要继续添加坯料，在确保安全的情况下，可不停机添料

五、活动评价

序号	评价内容	评价标准	权重	小组得分
1	料仓上料	能正确区分坯料正、反面，上料操作规范、定位精度符合要求	10	
2	启动料仓	启动操作顺序正确，操作规范，有安全检查过程	15	
3	旋转料仓	不戴手套操作，确保顶料块处于下极限位置，每次旋转到位	15	
4	顶料块上升	熟悉顶料块上升操作，不出现毛坯脱落现象	15	
5	顶料块下降	熟悉顶料块下降操作，不出现毛坯剩余现象	15	
6	机器人取料	注意料仓的工作状态与模式，不发生碰撞，注意安全操作规范	20	
7	小组协作	小组分工合理，相互配合，有生成	10	
	合计			

记录活动过程中的亮点与不足：

知识拓展

自动料仓一般为非标件，需要根据用户的需求定制，如图 2-27 所示的圆盘式自动料仓，其外观看似标准化设备，实际需要根据企业所用坯料，上、下料采用的是桁架机械手还是机器人进行定制。企业用户定制非标设备，一般流程如图 2-28 所示，具体步骤为电话咨询、业务洽谈与制订方案、确认方案与签订合同、工程绘图和生产加工、多次质检与测试、包装出货、上门安装与使用培训、品质保证与售后服务、使用数据反馈调查等。

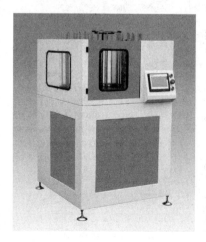

图 2-27 圆盘式自动料仓

1. 电话咨询　　2. 业务洽谈与方案确定　　3. 确认方案与签订合同
4. 工程绘图和生产加工　　5. 多次质检与测试　　6. 包装出货
7. 上门安装与使用培训　　8. 品质保证与售后服务　　9. 使用数据反馈调查

图 2-28　产品定制流程图

思政素材

自动化生产领域涉及多种专利技术，其专利技术受知识产权保障，企业产品设备或外观设计专利一般可分为发明专利、实用新型专利、外观专利等。2022 年，我国向世界知识产权组织提交《工业品外观设计国际注册海牙协定》（以下简称《海牙协定》），于当年 5 月 5 日在我国生效，《海牙协定》的概况如图 2-29 所示。

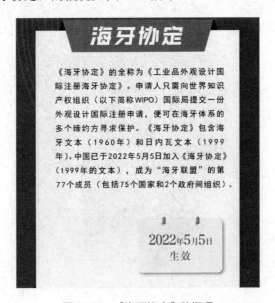

图 2-29　《海牙协定》的概况

中国加入《海牙协定》彰显了坚定维护多边主义、进一步扩大对外开放的鲜明立场，得到 WIPO 的积极支持。此举不仅有利于中国更好地融入外观设计全球化体系，助力中国创意、中国设计、中国制造走向世界，而且有利于促进全球工业品外观设计领域的发展。

拓展作业

如图 2-30 所示，使用工业机器人配合圆盘式自动料仓实现数控机床上、下料时，如何防止机器人与自动料仓、机器人与数控机床发生碰撞？通常采取的保护措施有哪些？

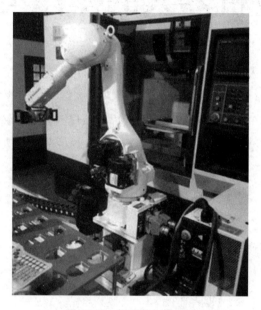

图 2-30　机器人上、下料

项目三 工业机器人的操作与联调

工业机器人是模拟人手臂、手腕和手功能的机械电子装置,它可将任一物件或工具按空间位姿(位置和姿态)的时变要求进行移动,从而完成某一工业生产的作业要求。例如,夹持焊钳或焊枪,对汽车或摩托车车体进行点焊或弧焊;搬运压铸或冲压成型的零件或构件;进行激光切割;喷涂;装配机械零部件等。常见的关节机器人如图3-1所示。

图3-1 常见的关节机器人

任务一 认识工业机器人

职业能力

能正确认识关节机器人的结构组成、功能特点、适用场合、常用类型等，并由此迁移认知自动生产线其他类型的关节机器人。

核心概念

- 工业机器人。工业机器人是广泛用于工业领域的多关节机械手或多自由度的机器装置，具有一定的自动性，可依靠自身的动力能源和控制能力实现各种工业加工制造功能。工业机器人被广泛应用于电子、物流、化工等各领域中。
- 示教器。示教器是主管应用工具软件与用户（工业机器人）之间的接口操作装置，其通过电缆与控制柜连接。在进行工业机器人的点动进给、程序创建、程序的测试执行、操作执行和姿态确认等时都会用到示教器。
- Deadman（使能）开关。Deadman 开关控制机器人电动机的上电，用于保障操作人员的安全。当意外发生，人紧张时，有些人会松开示教器，而有些人会紧握示教器，处于这两种状态下机器人会立即断开伺服电源，迫使机器人停止运动。
- 抱闸式伺服电动机。抱闸式伺服电动机具有抱闸单元，与普通伺服电动机相比多了抱闸线圈，在电动机断电停止时，抱闸线圈断电，能自动锁定电动机位置，不让电动机（由于外力作用）发生运动。

学习目标

1. 能简述工业机器人的常见类型及应用。
2. 能说出六轴工业机器人的结构组成、功能特点和应用场景。
3. 能说出工业机器人夹具的种类、特点及应用场景。
4. 培养分工协作的工作态度和探索进取的工匠精神。

基础知识

一、工业机器人的分类

在智能制造领域，工业机器人成为柔性制造系统、自动化工厂、智能工厂等现代化制造系统的重要组成部分。原先的劳动密集型制造企业纷纷加快转型为自动化生产企业,伴随着工业机器人的日渐兴起,"机器代人"将成为趋势。

工业机器人按照机械结构可分为多关节机器人、平面多关节机器人、并联机器人、直角坐标机器人,以及协作机器人。

1. 多关节机器人

多关节机器人是应用较为广泛的工业机器人类型之一,如图 3-2 所示。其机械结构类似于人的手臂。手臂通过扭转接头连接到底座,连接手臂中连杆的旋转关节数量从两个关节到十个关节不等,每个关节提供额外的自由度。扭转接头可以彼此平行或正交。具有六个自由度的关节机器人是较常用的工业机器人。关节机器人的主要优势为其可高速运作,且占地面积非常小。

图 3-2　多关节机器人

2. 平面多关节机器人

平面多关节机器人(见图 3-3)具有圆形工作范围,由两个平行关节组成。平面多关节机器人专门从事横向运动,主要用于装配应用。与直角坐标机器人相比,平面多关节机器人可以更快地移动,并且更容易集成。

3. 并联机器人

并联机器人(见图 3-4)也称为平行连杆机器人,其由和公共底座相连的平行关节连杆组成。由于直接控制末端执行器上的每个关节,末端执行器的定位可以通过其手臂轻松控制,从而实现高速操作。并联机器人有一个圆顶形的工作空间,通常用于快速取放或产品转移应用。其主要功能有抓取,包装,码垛和机床上、下料等。

图 3-3　平面多关节机器人

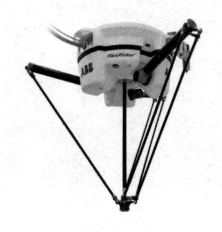

图 3-4　并联机器人

4. 直角坐标机器人

直角坐标机器人也称为直线机器人或龙门机器人,具有矩形结构,如图 3-5 所示。这些类型的工业机器人具有三个棱柱形关节,通过在其三个垂直轴（X、Y 和 Z 轴）上滑动来提供线性运动。直角坐标机器人可能还附有手腕以实现旋转运动。直角坐标机器人可提供高定位精度,以及可承受重型物件。

图 3-5　直角坐标机器人

5. 协作机器人

协作机器人是指在共享空间中与人类互动或在附近安全工作的机器人，如图3-6所示。传统工业机器人旨在通过与人的接触隔离来确保安全自主工作。与传统工业机器人相反，协作机器人能充当操作员的第三只手，在无须安全护栏的情况下辅助操作员动作，能预先感知是否碰触到人、物体等，并自动远离这些障碍物，还能通过自我学习来完善自身已有功能，辅助操作员实现难以完成的动作。

图3-6 协作机器人

二、认识六轴工业机器人

通常，六轴工业机器人由机器人本体、控制柜和示教器组成，如图3-7所示。

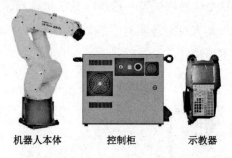

机器人本体　　控制柜　　示教器

图3-7 工业机器人的结构

1. 机器人本体

机器人本体是以由伺服电动机驱动的轴和手腕构成的机械部件组成的，具有进行作业所需的机械手等末端执行器。手腕也叫手臂，手腕的接合部位称为轴杆或关节。图3-8所示为工业机器人手臂，其中，最初的三根轴（J1、J2、J3）称为基本轴，J4、J5、J6称为手腕轴，它们为同心轴。工业机器人的基本轴分别由几个直动轴和旋转轴构成。手腕轴对安装在法兰盘末端的执行器进行操控，如进行扭转，上、下摆动，左、右摆动等。

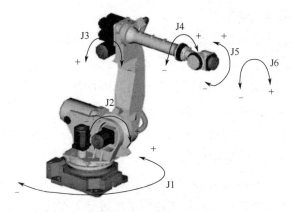

图 3-8 工业机器人手臂

2. 六轴工业机器人的应用

六轴工业机器人是模拟人手臂、手腕和手功能的机械电子装置，不仅在搬运和焊接作业上发挥着重要作用，而且在涂胶、喷漆、切割、测量等领域占有重要的地位。六轴工业机器人的应用如图 3-9 所示。

（a）搬运机器人

（b）加工机器人

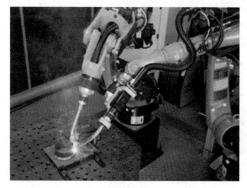

（c）焊接机器人

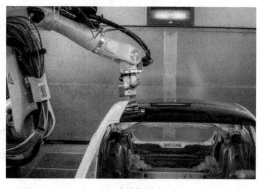

（d）喷漆机器人

图 3-9 六轴工业机器人的应用

3. 六轴工业机器人的主要参数与常见规格

六轴工业机器人的主要参数有自由度、手部负重、工作空间、安装方式、定位精度和重复定位精度,以及运动速度等。

(1)自由度。自由度是衡量机器人技术水平的主要指标。自由度是指运动件相对于固定坐标系所具有的独立运动。每个自由度需要一个伺服轴进行驱动,自由度越高,工业机器人可以完成的动作越复杂,通用性越强,应用范围也越广,但相应地带来的技术难度越大。一般情况下,通用工业机器人有3~6个自由度。

(2)手部负重。手部负重是指使用工业机器人时根据法兰盘不同,机器人在负载条件下手部所允许的负载质量,一般用质量、力矩、惯性矩表示。此外,还与运行速度和加速度的大小及方向有关,一般将高速运行时所能抓取的工件质量作为承载能力指标。

(3)工作空间。工作空间是指机器人应用手爪进行工作的空间范围。描述工作空间的手腕参考点可以选在手部中心、手腕中心或手指指尖,参考点不同,工作空间的大小、形状也不同。机器人的工作空间取决于其结构形式和每个关节的运动范围。工作空间是工业机器人的一个重要性能指标,也是设计工业机器人机构的重要指标。

(4)安装方式。安装方式有地面安装、顶吊安装和倾斜角安装等。

(5)定位精度和重复定位精度。工业机器人的工作精度包含定位精度和重复定位精度。定位精度为工业机器人手部实际到达位置和目标位置之间的差异。重复定位精度是描述工业机器人重新定位其手部于同一目标位置的能力,可以用标准偏差来表示。

(6)运动速度。运动速度影响机器人的工作效率和运动周期,其与机器人所提取的重力和位置精度均有密切关系。运动速度快,机器人所承受的动载荷增大,必将承受加、减速时较大的惯性力,从而影响机器人的工作平稳性和位置精度。

FANUC工业机器人的本体型号位于J3轴手臂上,如图3-10所示。

图3-10 FANUC工业机器人的本体型号位置

FANUC 工业机器人的常见型号见表 3-1。

表 3-1　FANUC 工业机器人的常见型号

型　　号	轴　数/个	手部负重/kg
M-1iA	4/6	0.5
LR Mate 200iD	6	7
M-10iA	6	10（6）
M-20iA	6	20（10）
R-2000iC	6	210（165,200,100,125,175）
R-1000iA	6	100（80）
M-2000iA/M-410iB	6/4	900/450（300,160）

4. 六轴工业机器人的运动轴及坐标系

1）运动轴

通常工业机器人的运动轴可以划分为机器人轴、基座轴和工装轴。基座轴和工装轴统称为外部轴。机器人轴是工业机器人操作器的轴，属于工业机器人本身。

基座轴是对使工业机器人移动的轴的统称，主要指行走轴（移动滑台或导轨）；工装轴是对除机器人轴、基座轴之外的轴的统称，指使工件、工装夹具翻转和回转的轴，如回转台、翻转台等，如图 3-11 和图 3-12 所示。

图 3-11　基座轴

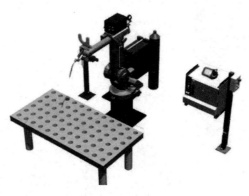

图 3-12　工装轴

2）坐标系

坐标系是为确定机器人的位置姿态，而在空间上给予定义的，分为关节坐标系、世界坐标系、工具坐标系和用户坐标系，如图 3-13～图 3-16 所示。

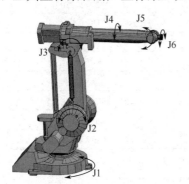

图 3-13　关节坐标系

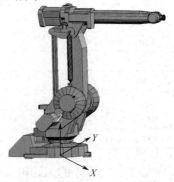

图 3-14　世界坐标系

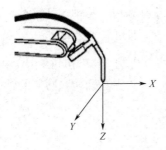

图 3-15　工具坐标系

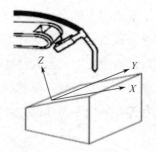

图 3-16　用户坐标系

5. 示教器

示教器如图 3-17～图 3-19 所示。示教器各模块的作用见表 3-2。

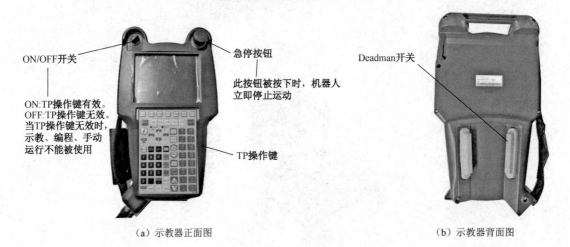

（a）示教器正面图　　　　　　　　（b）示教器背面图

图 3-17　示教器

工业机器人的操作与联调 | 项目 三

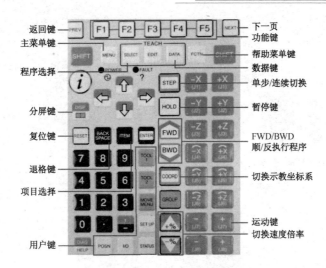

图 3-18　TP 操作键说明图

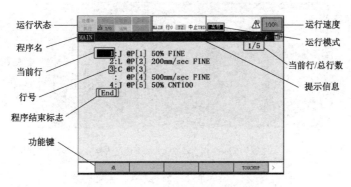

图 3-19　示教器显示屏画面说明图

表 3-2　示教器各模块的作用

模块名称	作　用
ON/OFF 开关	控制示教器的开启和关闭
急停按钮	当发生紧急情况时，可以快速按下此按钮，机器人立即停止运动
TP 操作键	通过操作键可进行机器人控制、程序编写、调试及运行等操作
Deadman 开关	机器人使能开关。当 TP 操作键有效时，将 Deadman 开关按到第一挡位，机器人可进行移动；当 Deadman 开关松开或按到第二挡位时，机器人立即停止运动，并出现报警提示

6. 控制柜

控制柜是工业机器人的控制单元，由示教器、操作面板及其电路板、主板、主板电池、I/O 板、电源供给单元、急停单元、伺服放大器、变压器、风扇单元、断路器、再生电阻等组成。R-30iB Mate 控制柜正面图及内部结构图如图 3-20 和图 3-21 所示。

7. 伺服电动机

工业机器人由伺服电动机驱动。伺服电动机由伺服电动机本体、绝对值脉冲编码器和抱闸单元三部分组成，如图 3-22 所示。

· 071 ·

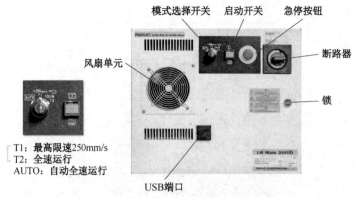

图 3-20 R-30iB Mate 控制柜正面图

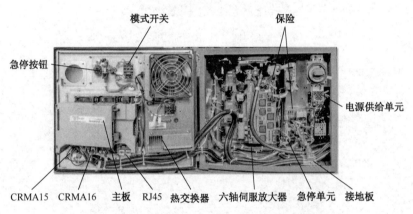

图 3-21 R-30iB Mate 控制柜内部结构图

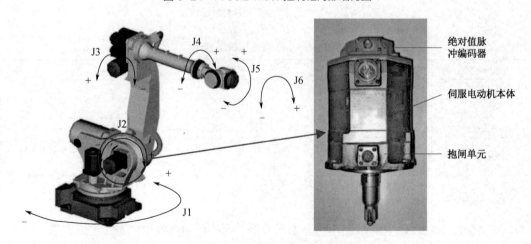

图 3-22 伺服电动机驱动装置

伺服电动机可以控制速度,位置精度准确,可以将电压信号转化为转矩和转速以驱动控制对象。伺服电动机转子转速受输入信号控制,并能快速反应,在自动控制系统中,用作执行元件,且具有机电时间常数小、线性度高等特性,可把所收到的电信号转换成电动机轴上的角位移或角速度输出。

抱闸式伺服电动机在原电动机上增加抱闸单元，多了抱闸线圈，如图 3-23 所示，在电动机断电停止时，抱闸线圈断电，能自动锁定电动机位置，不让电动机（由于外力作用）发生运动。抱闸是伺服电动机的刹车，抱闸又称为保持制动器，是机器人手臂处于静止，且电动机处于失电状态下防止机器人手臂再移动的机电装置。

图 3-23　伺服电动机抱闸线圈

8. 夹具

夹具是实现生产作业的基础，类似于人类的手，帮助工业机器人抓取实体。按照工业机器人夹具的特点，可以将其分为以下几类。

（1）通用夹具。通用夹具包括机用虎钳、卡盘、吸盘、分度头和回转工作台等，这类夹具有很大的通用性，能较好地适应加工工序和加工对象的变换，其结构已定型，尺寸、规格已系列化。

（2）专用性夹具。专用性夹具是为某种产品零件在某道工序上的装夹需要而专门设计制造的，服务对象专一，针对性很强，一般由产品制造厂自行设计，如图 3-24 所示。

（3）可调夹具。可调夹具是指可以更换或调整元件的专用夹具。

（4）组合夹具。由不同形状、规格和用途的标准化元件组成的夹具称为组合夹具。

图 3-24　工业机器人专用性夹具

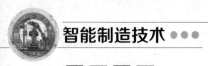

活动设计

一、活动设备、工具准备

名称	简图	规格	数量	备注
FANUC 工业机器人		M-10iA	6 台	设备

二、活动组织

1. 分小组,以 5 人为一个小组。
2. 设置小组长和记录员等。
3. 对小组中的分工进行互换,确保每个学生都有机会动手操作。

工作岗位	姓　名	岗位任务	备注
组长		1. 统筹安排小组的工作任务,协调调度各组员开展活动。 2. 制订实施计划,并贯彻落实到小组中的每位成员,落实岗位职责。 3. 督促做好现场管理,落实 6S 制度和安全生产制度	
记录员		1. 按照工作任务要求,代表小组在《任务书》中记录活动过程中的重要数据与关键点。 2. 管理与小组活动有关的文档资料	
操作员		1. 按工作任务要求,代表小组实施具体的设备操作。 2. 按照工作任务要求拆装相关设备或部件	
校检员		1. 负责校检实施过程的可行性、安全性和正确性。 2. 督促小组成员按所制订的计划实施活动,确保活动有效完成	
安全员		1. 熟悉设备操作安全规范,提出安全实施保障措施。 2. 督促小组在活动实施过程中落实安全保障措施,监督安全生产	

三、安全及注意事项

1. 防止由于生产线其他设备的误操作而伤人。
2. 按操作规程操作设备,以免损坏设备。
3. 注意现场 6S 管理,在确保安全规范的前提下开展活动。

四、活动实施

序号	步骤	操作及说明	安全要求
1	认识工业机器人的外观结构	1. 在确保生产线处于停止状态,工业机器人处于断电状态下开展。 2. 按照《任务书》要求,逐个认识工业机器人直观可见的结构组成部分,包括机器人本体、示教器、控制柜、夹具、型号参数、伺服电动机等,并记录相关的主要参数或关键文字 	确保安全,除操作员外,其他人不得跨越现场防护栏,不得随意触摸设备物件
2	认识控制柜	1. 在确保安全的情况下,给工业机器人通电。 2. 观察控制柜正面的功能按钮,熟悉各功能按钮的用法和作用。 	观察时不能随意按压按钮,以免引起设备误操作;注意不要用任何物件触碰电气元件,观察结束后关闭柜门,恢复到拆前状态

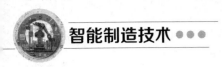

续表

序号	步骤	操作及说明	安全要求
2	认识控制柜	3. 在断电的情况下，打开控制柜，观察控制柜的内部，认识主要电气元件和控制单元，熟悉基本接线要求	观察时不能随意按压按钮，以免引起设备误操作；注意不要用任何物件触碰电气元件，观察结束后关闭柜门，恢复到拆前状态
3	认识示教器	1. 在确保安全的前提下，给工业机器人通电。 2. 观察示教器面板正、反面的功能按钮，熟悉各功能按钮的作用，学会正确持拿示教器，左手穿过固定带握住示教器。 3. 观察示教器显示屏界面，熟悉界面显示和功能作用 状态窗口 主窗口 功能菜单键	观察时，不能随意按压按钮或面板，以免引起设备误操作而伤人

续表

序号	步骤	操作及说明	安全要求
4	认识伺服电动机和传动机构等的内部结构	1. 在断电停机的情况下，用工具拆开手臂护板，观察伺服电动机。 2. 熟悉伺服电动机和传动机构的安装位置、传动过程和控制原理。 3. 观察记录完成后，装回手臂护板复原	拆装规范、不损坏物件，观察时注意保护头部和手部
5	认识上、下料夹具结构	1. 观察上、下料夹具结构。 2. 点动控制上、下料夹具运动，观察夹具运动过程及原理，测试夹紧工件	确保安全，除操作员外，其他人不得跨越现场防护栏，不得随意触摸设备物件

五、活动评价

序号	评价内容	评价标准	权重	小组得分
1	认识工业机器人的外观结构	能正确辨识部件与构件	20	
		6S 管理达到要求	10	
2	认识控制柜	能正确辨识功能按钮	5	
		能正确辨识内部电气元件和控制单元，了解功能作用	5	
		场地复原符合规范	5	
3	认识示教器	能正确持拿示教器	5	
		能正确辨识功能按钮	10	
		能说出界面显示和功能	5	
4	认识伺服电动机和传动机构等内部结构	拆装步骤规范	5	
		能正确辨识部件与构件	5	
		合理恢复原有状态	5	

续表

序号	评价内容	评价标准	权重	小组得分
5	认识上、下料夹具结构	熟悉夹具的结构特点	5	
		点动实现上、下料夹具控制	5	
6	小组协作	小组分工合理，相互配合	10	
	合计			

记录活动过程中的亮点与不足：

知识拓展

龙门机器人是直角坐标机器人的一种，由于其某一水平方向和垂直方向上的活动机构都需要附属在一个可以移动且能承重的架子上，于是就有了一种龙门的形状，故被称为龙门机器人。

龙门机器人通常用于繁重大型任务。它们一般工作在作业区域上方，龙门架的移动确定作业区域的位置，架上组合活动的水平轴机构和垂直轴机构令末端执行器可以在作业区域内完成任务。龙门机器人的结构决定了其成为特定应用的最佳选择。这些应用包括但不限于码垛/卸垛、物料搬运、装配等，尤其是当有效载荷和尺寸需求超过其他机器人类型所能处理的范围时。其他机器人对有效载荷、速度和到达范围都有限制，而龙门机器人具有更高的性能上限，通常仅受可用空间的限制，如图 3-25 所示。

图 3-25　龙门机器人

思政素材

AI 技术给工业机器人装上"眼睛"和"大脑"

传统的工业机器人只能靠编程来完成固定路线和固定动作，灵活性很差。因此，很多需要具备柔性和灵活性的生产线，或者物流仓储，都无法使用传统的工业机器人。随着 AI 等智能技术的发展，结合 3D 相机、视觉识别算法、抓取规划、运动避障、机器人配合等创新性手段，帮助传统工业机器人拥有了智慧的"眼睛"和"大脑"。目前，3D 视觉、AI 技术与工业机器人相结合（见图 3-26），在物流领域的拆/码垛、快速分拣，以及工业领域的零件检测、分拣、生产线上/下料的应用越来越广，并开始在特殊仓储、医疗等细分方向有了更深入的应用。

图 3-26 AI 技术与工业机器人的结合

拓展作业

通过网络检索资料，试列出如图 3-27 所示的多关节工业机器人可通过适配什么样的夹具实现怎样的生产作业。

图 3-27 多关节工业机器人

任务二 工业机器人的操作

职业能力

能按操作规程正确操作上料机器人，熟悉基本调整、程序编制，确保在上料过程中机器人能正确、可靠、精准地将待加工工件从料库移动至机床卡盘，从而完成上料过程。

核心概念

- 运行时序图。运行时序图用来展示对象之间交互的顺序，将交互行为转换为消息传递，通过描述消息在对象间的发送和接收来动态展示对象之间的交互，从而显示出多个对象之间的动态协作状态。
- 示教法。示教法是指用示教器控制机器人运动到不指定具体坐标的规定角度和位置。

学习目标

1. 能简述上料机器人的工作过程。
2. 熟悉操作规程，会操作上料机器人。
3. 会依据上料流程编写机器人动作控制程序。
4. 培养严谨细致、规范安全的操作习惯。

基础知识

一、工业机器人安全操作规程

如图 3-28 所示上料机器人的基本安全操作规程如下。

1. 手动和示教机器人

（1）请不要戴着手套操作示教器和操作面板。
（2）在点动操作机器人时，要采用较低的速度倍率以增加对机器人的控制机会。
（3）在按下示教器上的点动键之前，要考虑机器人的运动趋势。
（4）要预先考虑好避让机器人的运动轨迹，并确认该线路不受干涉。
（5）机器人周围区域必须保持清洁，无油、无水及杂质等。

图 3-28 上料机器人

2. 生产运行

（1）在开机运行前，必须知道机器人根据所编程序将要执行的全部任务。

（2）必须知道所有会左右机器人移动的开关、传感器和控制信号的位置和状态。

（3）必须知道机器人控制器和外围控制设备上急停按钮的位置，准备在紧急情况下使用这些按钮。

（4）永远不要认为机器人没有移动，表明其程序已经完成。这时机器人很有可能在等待让其继续移动的输入信号。

二、工业机器人上料流程操作注意事项

1. 禁止非专业人员操作控制工业机器人，以及修改程序参数。

2. 禁止操作人员戴手套操作料仓电子触摸屏，以防误操作。

3. 启动工业机器人上料动作流程时，注意观察其是否处于原点位置，如未处于原点位置，则调至手动模式进行复位，然后启动上、下料动作流程。

4. 启动工业机器人上料动作流程的前提条件：机器人处于初始状态、机器人夹爪上无工件、机床卡盘上无工件、料库中的工件到达取料位置。

5. 注意料仓、上料机器人和车铣复合两联机的运行时序是否相配合，如有失配现象，必须调整到位后方可持续运行。

6. 避免车间灰尘、油污物影响检测开关的灵敏性，以防发生误动作。

7. 出现工件未到位、工件未取出、工件掉落等故障时，应立即暂停流程，排除故障后方可继续运行。

三、上料机器人运行时序图

上料机器人运行时序图是控制上料流程操作运行的规程步骤，熟悉上料流程互锁条件，对明晰和理解上料机器人的工作过程及工作原理非常重要。上料机器人运行时序图如图 3-29 所示。

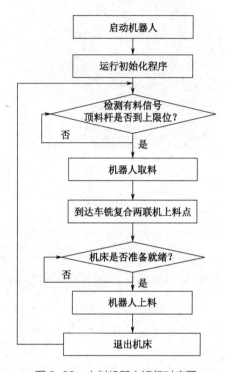

图 3-29　上料机器人运行时序图

四、上料机器人的工作过程

上料机器人的工作过程主要包括以下三个部分，如图 3-30 所示。

（1）对点取料。上料机器人启动，系统自检是否满足启动条件；上料机器人复位到初始位置；夹爪靠近料库，到达取料点安全位置待取料；等待料库工件的待取料信号；夹爪靠近取料点，并夹紧工件。

（2）移动避障。程序控制夹爪移动，避开障碍，靠近机床，到达上料点安全位置待上料。

（3）精准上料。机床卡盘到位；等待机床上料信号；夹爪靠近卡盘上料点；将工件旋转至紧贴定位杆；机床卡盘夹紧工件；夹爪松开工件，完成上料；上料机器人回到初始位置准备下一轮上料。

图 3-30　上料机器人的工作过程

上料机器人正常运行的重要控制信号如下：

（1）上料机器人夹爪移动时，需确认移动过程中上料机器人与周围设备不干涉，否则会出现撞击事故。

（2）上料机器人在料库上取料的条件为料库工件到位检测开关有信号。

（3）上料机器人取料移动的条件为夹爪气缸传感器夹紧位有信号。

（4）机器人向机床卡盘上料的条件为机床卡盘到位，上料有信号。

（5）机器人完成上料，移开夹爪的条件为夹爪气缸传感器松开位有信号。

五、上料机器人的联调

1. 上料机器人与料仓的联调

如图 3-31 所示为圆盘式自动料仓和上料机器人。为了能正常完成取料，在料仓将工件顶升到取料位置时，料库工件到位检测开关有信号，使上料机器人夹爪能从料仓上自动取料。上料机器人取走料后，料仓自动将下一个工件顶升到取料位置，等待上料机器人下次取料，从而实现连续工作。

图 3-31　圆盘式自动料仓和上料机器人

2. 上料机器人与车铣复合两联机的联调

如图 3-32 所示为车铣复合两联机卡盘和上料机器人。为了能正常完成上料，在机器人夹爪将工件夹取至上料安全位置时，机床卡盘到位，且机床上料有信号，使机器人夹爪靠近卡盘上料点，将工件旋转至紧贴定位杆，机床卡盘夹紧工件。完成上料后，机器人回到料仓取下一个工件，机器人夹取工件移动到上料安全位置，等待机床卡盘下次上料，从而实现连续工作。

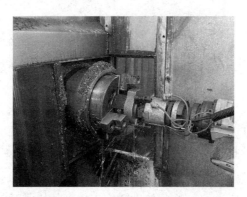

图 3-32　车铣复合两联机卡盘和上料机器人

六、六轴工业机器人的联调

1. 启动机器人

如图 3-33 所示为自动生产线的六轴机器人及其控制柜。自动生产线连续运行，机器人正常抓取物料时，需先等待自动料仓的到位检测开关检测到工件信号，从而保证机器人夹具顺利取料。

（a）六轴工业机器人　　　　　　　　　　　　（b）机器人控制柜

图 3-33　自动生产线的六轴机器人及其控制柜

一般操作如下：

（1）启动机器人，将控制柜的总开关打到 ON 挡位（向右旋转 90°）；

（2）松开控制柜上的急停按钮，并用钥匙开关将挡位旋钮设置到 AUTO 模式；

（3）松开机器人示教器上的急停按钮，按"RESET"复位键；

（4）在示教器上按"SELECT"选择键，选择所编写的"HUANLIAO"程序，如图 3-34

所示。

图 3-34 "HUANLIAO"程序

（5）将示教器调为"OFF"关闭状态，再按"RESET"复位键复位示教器；

（6）按下控制柜上的"CYCLE START"循环启动按钮，机器人进入自动循环状态，完成定位、取料、上料等工作，如图 3-35 所示。

(a) 定位

(b) 取料

(c) 上料

图 3-35 机器人工作任务

2. 机器人编程

HUANLIAO

1: LBL[88]   !标签 [88]

2: J P[13] 100% FINE   !关节运动移动到点位 13

3: CALL QPS   !调用程序 QPS

4: WAIT DI[84]=ON   !等待信号 DI[84]为 ON

5: J P[8] 100% FINE

6: J P[7] 10% FINE

7: CALL QPJ   !调用程序 QPJ

8: CALL QPS   !调用程序 QPS

9:	CALL QPJ	!调用程序 QPJ
10:	L P[8] 500mm/sec FINE	
11:	J P[10] 100% FINE	
12:	DO[83]=PULSE,0.2sec	!给信号 DO[83]0.2 秒的脉冲
13:	WAIT DI[81]=ON	
14:	WAIT DI[83]=ON	
15:	WAIT DI[82]=OFF	
16:	J P[4] 100% FINE	
17:	L P[6] 2000mm/sec FINE	
18:	J P[12] 100% FINE	
19:	DO[81]=PULSE,0.5sec	
20:	WAIT 0.80(sec)	
21:	CALL QPS	
22:	WAIT DI[82]=ON	
23:	L P[2] 2000mm/sec FINE	
24:	J P[1] 50% FINE	
25:	DO[82]=PULSE,0.5sec	
26:	J P[5] 100% FINE	
27:	JMP LBL[88]	!跳转至标签[88]，继续执行程序
[END]		!程序结束

QPJ

1:	DO[112]=OFF	!DO[112]为 OFF
2:	DO[111]=ON	!DO[111]为 ON
3:	WAIT DI[119]=ON	!等待信号 DI[119]为 ON
4:	WAIT .30(sec)	!等待 0.3 秒

QPS

1:	DO[111]=OFF	!DO[111]为 OFF
2:	DO[112]=ON	!DO[112]为 ON
3:	WAIT DI[120]=ON	!等待信号 DI[120]为 ON
4:	WAIT .30(sec)	!等待 0.3 秒

活动设计

一、活动设备、工具等的准备

序号	名称	简图	规格	数量	备注
1	FANUC 工业机器人	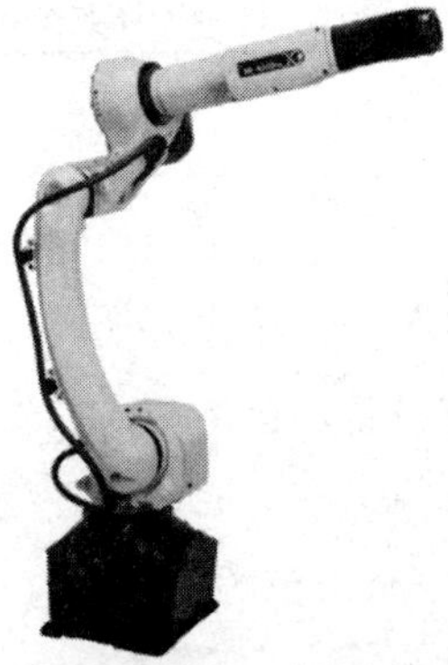	M-10iA	6 台	设备
2	气缸件毛坯		HF302	若干	材料

二、活动组织

1. 分小组，以 5 人为一个小组。
2. 设置小组长和记录员等。
3. 将小组中的分工进行互换，确保每个学生都有机会动手操作。

工作岗位	姓名	岗位任务	备注
组长		1. 统筹安排小组工作任务，协调调度各组员开展活动； 2. 制订实施计划，并贯彻落实到小组中的每位成员，落实岗位职责； 3. 督促做好现场管理，落实 6S 制度和安全生产制度	
记录员		1. 按工作任务要求，代表小组在《任务书》中记录活动过程中的重要数据与关键点； 2. 管理与小组活动有关的文档资料	

续表

工作岗位	姓 名	岗位任务	备 注
操作员		1. 按工作任务要求，代表小组实施具体的设备操作； 2. 按工作任务要求拆装相关设备或部件	
校检员		1. 负责校检实施过程的可行性、安全性和正确性； 2. 督促小组成员按所制订的计划实施活动，确保活动有效完成	
安全员		1. 熟悉设备操作安全规范，提出安全实施保障措施； 2. 在活动实施过程中，督促落实安全保障措施，监督安全生产	

三、安全及注意事项

1. 防止由于自动生产线其他设备的误操作而伤人。
2. 严格按照安全操作规程操作设备，杜绝多人操作，小组成员明确分工，各负其责。
3. 禁止戴手套操作，以防误操作。
4. 注意现场 6S 管理，在确保安全规范的前提下开展活动。

四、活动实施

序号	步骤	操作及说明	操作注意事项
1	机器人对点取料	1. 启动上料机器人，检查上料机器人是否处于初始状态，以及上料机器人夹爪上无工件、机床卡盘上无工件、料库中的工件到达取料位置。 2. 设定上料机器人的初始位置，通过点动控制将上料机器人移动到如下图所示位置，并记录坐标点及位置程序，确保机器人夹爪处于松开状态（设定 QPS 松开夹爪程序）。 	1. 禁止戴手套操作。 2. 启动前检查上料机器人夹爪是否正常工作。 3. 检查周边是否有异物阻挡上料机器人运动。 4. 点动控制上料机器人运动时，注意调低速率，避免速率过快误操作。 5. 检查上料机器人夹爪夹紧工件时是否对齐毛坯的中心位置，夹爪压紧弹簧是否压到位

续表

序号	步骤	操作及说明	操作注意事项
1	机器人对点取料	3. 调试上料机器人夹爪到达取料点安全位置，并记录位置程序，设定条件为料库工件到位检测开关有信号，如下图所示。  4. 调试机器人到达取料点并记录位置程序，设定 QPJ 夹紧夹爪程序，夹取气缸毛坯，如下图所示。  5. 调试机器人夹爪垂直向上抬至安全位置，并记录位置程序，如下图所示 	1．禁止戴手套操作。 2．启动前检查上料机器人夹爪是否正常工作。 3．检查周边是否有异物阻挡上料机器人运动。 4．点动控制上料机器人运动时，注意调低速率，避免速率过快误操作。 5．检查上料机器人夹爪夹紧工件时是否对齐毛坯的中心位置，夹爪压紧弹簧是否压到位

续表

序号	步骤	操作及说明	操作注意事项
2	机器人移动避障	调试上料机器人的位置与姿态到达机床卡盘上料点安全位置，并记录位置程序，设定条件为机床卡盘到位上料有信号，机器人动作如下图所示。  	1.检查周边是否有异物阻挡机器人移动。 2.移动机器人位置和姿态时，需注意空间避让。 3.设定合适的运动速率
3	机器人精准上料	1. 调试上料机器人到达上料点，并记录位置程序，如下图所示。  2. 执行机器人松开夹爪程序（QPS），利用夹爪的弹簧力将气缸件毛坯与机床卡盘内面贴紧，启动机床夹紧程序将气缸件毛坯夹紧，如下图所示。 	检查气缸件毛坯是否对上卡盘中的定位杆，实现精准上料定位

续表

序号	步骤	操作及说明	操作注意事项
3	机器人精准上料	3. 再次启动夹紧夹爪程序（QPJ）夹紧气缸件毛坯，并记录当前程序，然后松开机床卡盘。  4. 调整机器人夹具角度，将气缸件毛坯旋转至卡盘上的定位杆（精准上料定位）并记录当前程序，如下图所示。 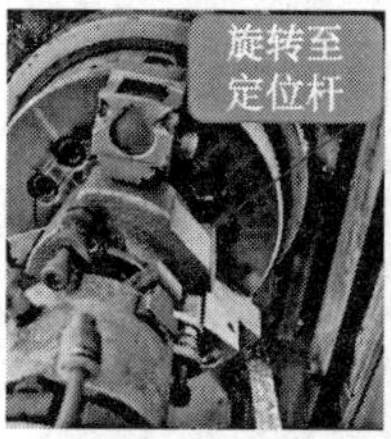 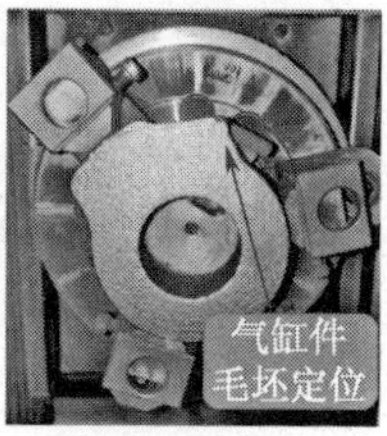 5. 再次启动夹紧夹爪程序，使卡盘夹紧气缸件毛坯。  6. 执行松开夹爪程序（QPS），松开气缸件毛坯并记录当前程序，水平移动夹爪至上料安全位置并记录位置程序，如下图所示。  7. 上料机器人恢复初始位置，完成上料	检查气缸件毛坯是否对上卡盘中的定位杆，实现精准上料定位

五、活动评价

序号	评价内容	评价标准	权重	小组得分
1	机器人对点取料	能编制上料机器人对点取料程序，并实现动作	20	
		位置和姿态准确、步骤合理、运动速率合适	10	
2	机器人移动避障	能编制上料机器人夹爪至上料点移动程序，并实现动作	20	
		位置和姿态准确、步骤合理、运动速率合适	10	
3	机器人精准上料	能编制上料机器人精准上料程序，并实现动作	20	
		位置和姿态准确、步骤合理、运动速率合适	10	
4	小组协作	小组分工合理，相互配合	10	
	合计			

记录活动过程中的亮点与不足：

知识拓展

气缸上的传感器就是气缸磁性感应开关（霍尔开关，气缸活塞上必定装有磁环）。在气缸外部的霍尔开关固定不动（但可调整霍尔开关的位置），气缸内部活塞上磁环移动到霍尔开关位置时，霍尔开关发出到位信号，如图3-36所示。

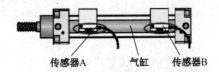

图3-36 气缸磁性感应开关位置示意图

气缸上的磁性感应器主要用于检测气缸中的活塞位置，用户可将其直接安装在气缸中使用。传感器作为一种检测装置，是实现自动控制和自动检测的首要环节，能够满足用户对于设备信息的传输、处理、存储、记录、显示和控制等多种要求，如图3-37所示。

图 3-37　气缸磁性感应开关

思政素材

中国的又一款全新无人装备——新型战斗侦察型无人作战车辆"锐爪 1"正式进入服役阶段，在未来的国家各项任务执行过程中，无人装备的存在具有非常重要的意义，可颠覆战场作战规则。无人作战车辆"锐爪 1"（见图 3-38）目前已经装备至中国人民解放军陆军部队。

图 3-38　无人作战车辆"锐爪 1"

"锐爪 1"为典型的小型履带式无人战车，于 2014 年珠海航展首次公开亮相，其长为 70 厘米，高为 60 厘米，质量为 120 千克，操作范围为 1 千米。"锐爪 1"型无人战车可以在战场上为班级或排级单位执行近距离侦察、探测和监视任务，也可根据任务需求灵活换装武器，如果执行火力支援任务，则可以将 7.62 毫米班用机枪搭载到平台上。除此之外，还可以装载短程光电载荷、机器视觉和照明组件，以及新设计的遥控武器站。

中国已经是"无人作战车辆服役国家"，现在中国陆军已经基本实现了机械化，未来中国陆军一定会向信息化方向转型。无人平台的装备赋予了步兵分队更强的作战能力，与传统陆军相比，在战场侦察、态势感知能力和火力打击能力方面将有明显提升。

拓展作业

如图 3-39 所示，利用 ROBOGUIDE 软件进行工业机器人上料仿真测试，记录轨迹程序，并对比分析仿真与实机的区别。

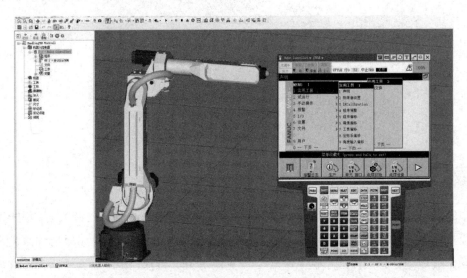

图 3-39　利用 ROBOGUIDE 软件进行工业机器人上料仿真测试示意图

项目四
数控车铣多联机的操作与联调

　　HF302 两联数控车铣中心为高效 CNC 机床，用于两端都需要车削加工的盘类、轴类回转体零件，一般由床身、主轴箱、防护罩、电气设备、集削系统、冷却装置、集中润滑单元、液压系统和动力头系统组成。常见的数控车铣多联机如图 4-1 所示。

图 4-1　常见的数控车铣多联机

任务一　认识数控车铣多联机

职业能力

　　能正确认识数控车铣多联机的结构组成、功能特点、适用场合、常用类型等，并由此迁移认知自动生产线其他类型数控车铣多联机。

核心概念

两联数控车铣中心：HF302 两联数控车铣中心用于两端都需要车削加工的盘类、轴类回转体零件，特别适用于铸铁零件的重切削和断续切削加工。机床使用排式刀架、动力头，主轴为高精密通孔式，运转平稳，其最高转速为交流伺服 7000 转/分或 10000 转/分；机床为整体式床身，Z 轴、X 轴集中布置，结构紧凑，排屑流畅，夹持工件方便，床身由高强度铸铁制造，提高精度的同时可以减小振动。

学习目标

1. 能说出两联数控车铣中心的组成部分及各部分的作用。
2. 能陈述 HF302 两联数控车铣中心的工作过程、功能特点和应用场合。
3. 能简述其他类型两联数控车铣中心的应用场合与功能特点。
4. 培养求真务实的学习精神。

基础知识

一、HF302 两联数控车铣中心的工作原理

HF302 两联数控车铣中心是基于专用机床原理开发出来的设备。

专用机床是一种专门适用于某种特定零件或特定工序加工的机床，也是组成自动生产线式制造系统中不可或缺的机床品种。

专用机床一般采用多轴、多刀、多工序、多面或多工位同时加工的方式，生产效率比通用机床高几倍，甚至几十倍。由于通用部件已经标准化和系列化，可根据需要灵活配置，能缩短设计和制造周期。因此专用机床兼有低成本和高效率的优点，在大批量生产中得到了广泛应用，并可用于组成自动生产线。

HF302 两联数控车铣中心可用于加工箱体类或特殊形状的零件。加工时，工件一般不旋转，由刀具的旋转运动和刀具与工件的相对进给运动，来实现钻孔、扩孔、锪孔、铰孔、镗孔、铣削平面、切削内、外螺纹，以及加工外圆和端面等。有的组合机床采用车削头夹持工件使之旋转，由刀具做进给运动，也可实现某些回转体类零件（飞轮、汽车后桥半轴等）的外圆和端面加工。

二、HF302 两联数控车铣中心的结构

HF302 两联数控车铣中心的详细结构如图 4-2 所示。

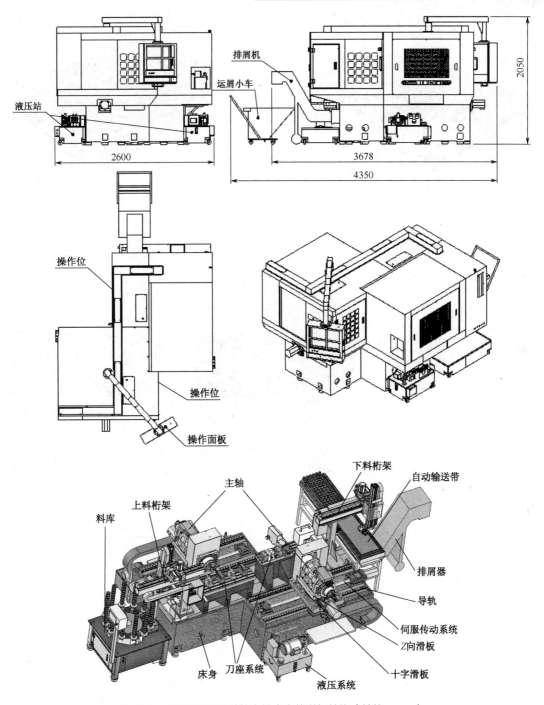

图 4-2　HF302 两联数控车铣中心的详细结构（单位：mm）

1. 床身

床身是机床的机械支撑部分，一般由铸件组成，也有部分床身采用钢件焊接，有的高精度磨床采用天然大理石床身，随着技术的进步，现在开始使用人造花岗岩床身，如图 4-3 和图 4-4 所示。

图 4-3 铸件床身

图 4-4 人造花岗岩床身

由于加工设备功能的强大，通常将床身和底座做成一个整体，主要目的是增加刚性，有时也将床身和底座分开设计制作，主要目的是方便加工。斜式机床床身如图 4-5 所示。

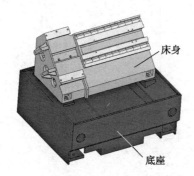
图 4-5 斜式机床床身

1）机床床身的用途
①起支撑作用。
②为机械提供运行轨道。
③为各种运动提供良好的精度服务。
2）机床床身的特性
①有足够的刚性。
②有足够的表面硬度和耐磨度。
③有相对稳定，且较小的热胀冷缩系数，能为各种运动提供良好的精度服务。

2. 主轴

主轴是数控机床的核心零部件之一。车床的主轴带动工件进行旋转，加工中心的主轴带动刀具旋转，主轴分为普通皮带主轴和电主轴，现在的发展趋势是电主轴代替普通皮带主轴，如图 4-6 和图 4-7 所示。

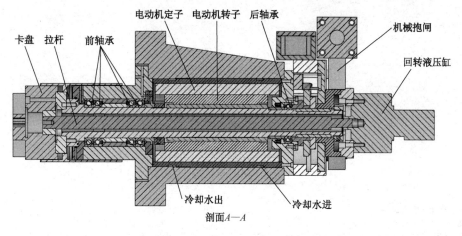

图 4-6 车铣电主轴

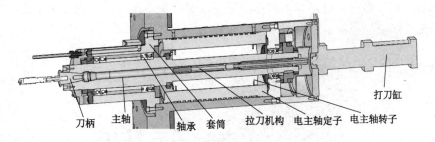

图 4-7 加工中心的电主轴

3. 防护罩

防护罩一般由钢板和不锈钢制造,具有密封性能好、防铁屑、防冷却液、防工具偶然事故、坚固耐用、外形美观等特点,如图 4-8 所示。

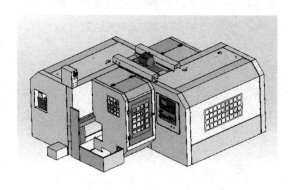

图 4-8 防护罩

4. 电气柜

电气柜是安装和布置机床电气部分的地方,是机床的重要组成部分,电柜门通常有密封要求,先进的机床一般配置电柜空调,其目的是保持电气柜内部温度的恒定和干燥,如

图 4-9 所示。

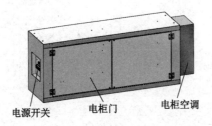

图 4-9 电气柜

5. 集屑系统

集屑系统广泛用于各类数控车床、数控铣床、钻孔机、加工中心等各种铁屑、铜屑和铝屑的自动排屑，多台机床还可以根据实际情况进行集中排屑，大大提高了生产效率，降低了企业用工成本。集屑系统现场图如图 4-10 所示。

图 4-10 集屑系统现场图

6. 冷却装置

在机床加工过程中，需要先对工件和刀具进行冷却，然后将铁屑冲洗干净，要求较高时还需配置油水分离器。冷却系统一般由水箱、水泵、过滤系统和冷却水管等组成，如图 4-11 所示。

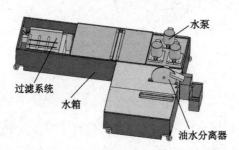

图 4-11 冷却装置

7. 集中润滑单元

数控机床的润滑系统在整机中占有十分重要的位置，其不仅具有润滑作用，而且具有冷却作用，以减小机床热变形对加工精度的影响。润滑系统的设计、调试和维修保养，对于保证机床加工精度、延长机床使用寿命等具有十分重要的意义。集中润滑单元一般由油底壳、集滤器（吸油盘）、吸油管、机油泵、限压阀、安全阀、机油滤清器、主油道（机体油道）、机油压力表（机油压力指示器）、支路油道、机油散热器等组成，如图 4-12 所示。

图 4-12　集中润滑单元

8. 液压系统

使用数控机床批量生产时，为了使工件装夹定位准确且稳固，一般采用液压夹紧。在机床装夹装置中，需要配置液压系统，用于提供液压动力。液压系统由液压箱、液压马达、液压控制阀等部分组成，如图 4-13 所示。

图 4-13　液压系统

9. 动力头系统

动力刀座指的是安装在动力刀塔上、可由伺服电动机驱动的刀座。这种刀座一般应用在车铣复合机上，也有少数可应用在带动力刀塔的加工中心上。随着加工件的日益复杂化、精度等级及加工效率的提高,多轴向、高转速成为工具机必备的条件,其最大的优点在于可轻易地在同一机台上做复杂零件的加工,并且可同时进行车削、钻孔、攻牙、端面切槽、侧面切槽、侧面铣削、角度钻孔、曲线铣削等。动力头系统主要由刀具、主轴、皮带和电动机组成,如图4-14和图4-15所示。

图4-14 动力头系统结构图

图4-15 动力头系统实物图

活动设计

一、活动设备和工具的准备

序号	名称	简图	规格	数量	备注
1	HF302 两联数控车铣中心		HF302	6台	设备
2	内六角扳手套装		8件套装	6套	工具

二、活动组织

1. 分小组学习，以 5 人为一个小组。
2. 设置组长、记录员、操作员、校检员、安全员等角色，对活动过程进行全面记录。
3. 将小组中的分工进行互换，确保每名学生都有动手机会。

工作岗位	姓　名	岗位任务	备　注
组长		1. 统筹安排小组工作任务，协调调度各组员开展活动； 2. 制订实施计划，并贯彻落实到小组每位成员，落实岗位职责； 3. 督促做好现场管理，落实 6S 制度和安全生产制度	
记录员		1. 按工作任务要求，代表小组在《任务书》中记录活动过程中的重要数据与关键点； 2. 管理与小组活动有关的文档资料	
操作员		1. 按工作任务要求，代表小组实施具体的设备操作； 2. 按工作任务要求拆装相关设备或部件	
校检员		1. 负责校检实施过程的可行性、安全性和正确性； 2. 督促小组成员按所制订的计划实施活动，并且确保活动有效完成	
安全员		1. 熟悉设备操作安全规范，提出安全实施保障措施； 2. 在活动实施过程中，督促落实安全保障措施，监督安全生产	

三、安全及注意事项

1. 防止生产线其他设备的误操作而伤人。
2. 按操作规程操作设备，以免损坏设备。
3. 注意现场 6S 管理，在确保安全规范的前提下开展活动。

四、活动实施

序号	步骤	操作及说明	安全要求
1	认识 HF302 两联数控车铣中心的外观	1. 在确保生产线处于停止状态，HF302 两联数控车铣中心处于断电状态下开展。 2. 按《任务书》要求，逐个认识 HF302 两联数控车铣中心可见的组成部分，包括床身、主轴箱、防护罩、电气柜、集屑系统、冷却装置、集中润滑单元、液压系统和动力头系统等，并记录主要参数或关键文字	确保安全，除操作员外，其他人不得跨越现场防护栏，不得随意触摸设备物件

续表

序号	步骤	操作及说明	安全要求
2	认识床身、主轴箱等内部结构	1. 用内六角扳手拆开防护罩,观察机床内部。 2. 熟悉床身、主轴箱的安装位置、传动过程和控制原理。 3. 观察动力头系统安装位置,以及刀座的安装形式 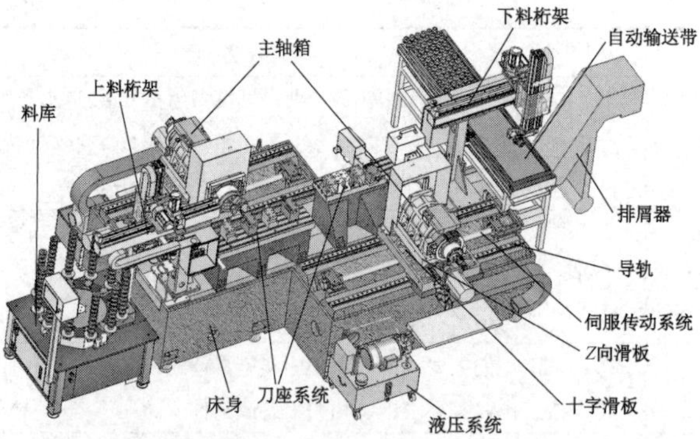 （图示：料库、上料桁架、主轴箱、下料桁架、自动输送带、排屑器、导轨、伺服传动系统、Z向滑板、十字滑板、液压系统、刀座系统、床身） 4. 观察记录完后,将其装回防护罩复原	拆装规范、勿损坏物件,观察时注意保护头部和手部
3	认识集屑系统和冷却装置	1. 在确保安全的情况下,给机床通电。 2. 观察控制面板正面的集屑系统功能按钮和冷却装置功能按钮,熟悉各功能按钮的控制内涵。 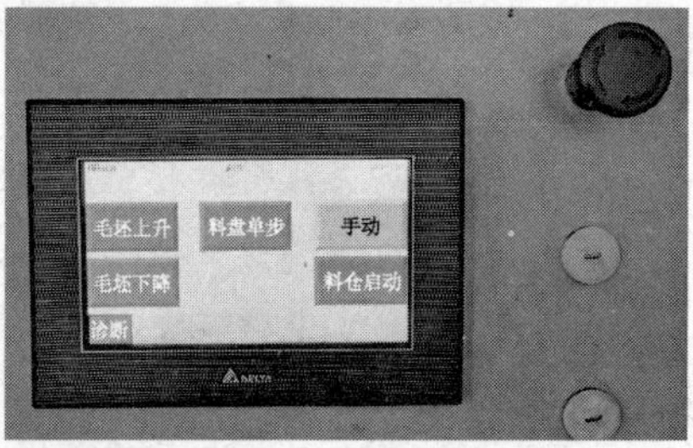 （控制面板图示：毛坯上升、料盘单步、手动、毛坯下降、料仓启动、诊断） 3. 观察集屑系统和冷却装置的运作情况,熟悉基本操作规范  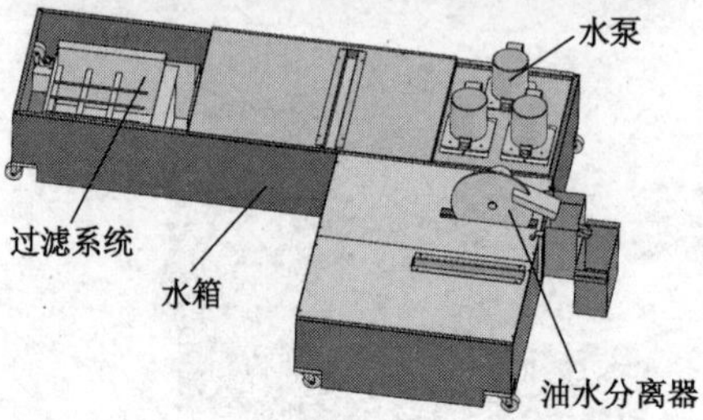 （图示：水泵、过滤系统、水箱、油水分离器）	观察时不能随意按压按钮或点击面板,以免引起设备误操作而伤人

续表

序号	步骤	操作及说明	安全要求
4	观察电气柜内部	1. 在确保设备处于断电状态下进行。 2. 按锁销打开电气柜,观察内部结构,认识主要电气元件 电源开关　电柜门　电柜空调 3. 观察完后,关闭电柜门,上锁销	不要用任何物件触碰电气元件,观察结束后关闭柜门,恢复到拆前状态

五、活动评价

序号	评价内容	评价标准	权重	小组得分
1	认识HF302两联数控车铣中心的外观	能正确辨识部件与构件	25	
		达到6S管理要求	10	
2	认识床身、主轴箱等内部结构	拆装步骤规范	10	
		能正确辨识部件与构件	10	
		场地复原符合规范	5	
3	认识集屑系统和冷却装置	能正确辨识功能按钮	10	
		完成后恢复到正常状态	5	
4	观察电气设备内部	能正确辨识设备内部电气元件,熟悉基本功能	10	
		完成后恢复到正常状态	5	
5	小组协作	小组成员分工合理,相互配合	10	
	合计			

记录活动过程中的亮点与不足:

知识拓展

由于市面上各种产品外形结构复杂,精度控制要求较高,数控车铣多联机还包括针对不同部件而设计的专用加工机床,如图4-16、图4-17、图4-18和图4-19所示。

图 4-16　正面双轴数控车铣中心

图 4-17　五轴车铣中心

图 4-18　双主轴双尾座车铣中心

图 4-19　车铣复合一体化生产线

思政素材

技术的崛起

中国的芯片半导体产业迎来历史性的时刻!

芯片生产十分复杂,除光刻机外,还需要很多其他设备的辅助,如蚀刻机、离子注入机等。根据公开资料显示,我国的蚀刻机已经处于国际先进水平,高能离子注入机制造产业也完成了从无到有的伟大跨越。如图 4-20 和图 4-21 所示为新型的 28nm 级光刻机和光刻机的工作过程。

图 4-20　新型的 28nm 级光刻机

数控车铣多联机的操作与联调 | 项目 四

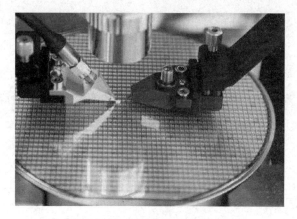

图 4-21 光刻机的工作过程

拓展作业

试分析如图 4-22 所示车铣复合一体化生产线与两联数控车铣中心工作的异同。

图 4-22 车铣复合一体化生产线

任务二 数控车铣多联机的操作

职业能力

能按操作规程正确操作两联数控车铣中心，能够进行简单的对刀操作，确保两联数控车铣中心的程序能够正常运作，能正确、可靠、精准地加工工件。

核心概念

◆ 控制面板：控制面板是数控机床的重要组成部件，也是操作人员与数控机床（系

· 107 ·

统）进行交互的工具。操作人员可以通过控制面板对数控机床（系统）进行操作、编程、调试，以及对机床参数进行设定和修改，还可以通过控制面板了解、查询数控机床（系统）的运行状态，是数控机床特有的一个输入/输出部件。

- ◆ 双联通道：两联数控车铣中心有两个主轴同时工作，由两组机床分别加工零件的正面和反面，两个轴之间的对接精度要求非常高。

学习目标

1. 掌握两联数控车铣中心的基本操作。
2. 学会两联数控车铣中心动力头刀具的安装与对刀调试。
3. 学会两联数控车铣中心两主轴的对接操作。
4. 培养热爱实践，爱岗敬业的职业精神。

基础知识

两联数控车铣中心的组成

两联数控车铣中心使用两套广州数控988TA系统用于同步控制（见图4-23）。

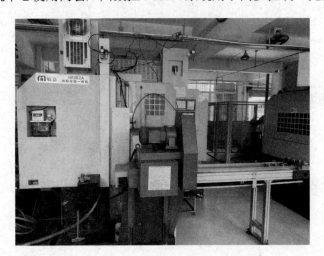

图4-23 两联数控车铣中心

两联数控车铣中心的控制部分分别由显示面板、功能面板和控制面板组成。

（1）显示面板：选择显示与机床相关的状态、坐标、程序、参数等信息。

（2）功能面板：设定系统各功能，以及程序的编辑输入、复位等。

（3）控制面板：控制机床的各个部件动作，如主轴、进给系统、冷却系统、卡盘的松开夹紧、速度等的相关控制。

两联数控车铣中心的显示面板、功能面板和控制面板分别如图 4-24、图 4-25 和图 4-26 所示。

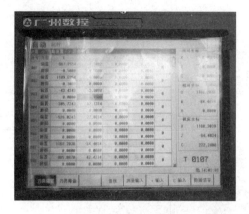

图 4-24 显示面板

图 4-25 功能面板

图 4-26 控制面板

活动设计

一、活动设备和工具的准备

序号	名称	简图	规格	数量	备注
1	两联数控车铣中心		HF302	6 台	设备

· 109 ·

续表

序号	名称	简图	规格	数量	备注
2	数控外圆车刀		机夹刀	6把	刀具
3	气缸件毛坯		FC250VP	若干	材料

二、活动组织

1．分小组学习，以5人为一个小组。

2．设置组长、记录员、操作员、校检员和安全员，对活动过程进行全面记录。

3．小组中的分工可在不同项目任务中进行互换，确保每名学生都有动手机会。

工作岗位	姓名	岗位任务	备注
组长		1．统筹安排小组工作任务，协调调度各组员开展活动； 2．制订实施计划，并贯彻落实到小组中的每位成员，落实岗位职责； 3．督促做好现场管理，落实6S制度和安全生产制度	
记录员		1．按工作任务要求，代表小组在《任务书》中记录活动过程中的重要数据与关键点； 2．管理与小组活动有关的文档资料	
操作员		1．按工作任务要求，代表小组实施具体的设备操作； 2．按工作任务要求拆装相关设备或部件	
校检员		1．负责校检实施过程的可行性、安全性和正确性； 2．督促小组成员按所制订的计划实施活动，确保活动有效完成	
安全员		1．熟悉设备操作安全规范，提出安全实施保障措施； 2．在活动实施过程中，督促落实安全保障措施，监督安全生产	

三、安全及注意事项

1. 注意防止自动生产线其他设备的误操作而伤人，操作时整条生产线须处于暂停状态。
2. 严格按照安全操作规程操作设备，杜绝多人操作料仓，小组成员要分工明确。
3. 禁止戴手套操作触摸屏，以防误操作。
4. 注意现场 6S 管理，在确保安全的前提下开展活动。

四、活动实施一：两联数控车铣中心启动生产程序的基本操作步骤

序号	步骤	操作及说明	操作标准
1	接通机床电源	接通机床电源后，按下机床开关，等待进入系统	按下机床开关
2	启动液压系统	在控制面板上按"手动"键，进入手动模式后，启动机床液压系统	1. 手动模式状态："手动"按键显示绿灯。 2. 液压系统状态："液压"按键显示绿灯
3	机床复位	按"复位"键，等待机床所有报警信息被清除后，可进入加工状态	按下复位键
4	转换编辑状态	在控制面板上按"编辑"键，进入编辑状态	编辑状态："编辑"键显示绿灯
5	程序操作	在功能面板上，按"程序"键。 在显示面板上对应新建程序，程序名称以字母"O"+数字命名	进入新建程序界面，将要加工的程序输入数控系统，并保存

五、活动实施二：两联数控车铣中心刀具的基本操作

序号	步骤	操作及说明	操作标准
1	调动手动模式或手轮模式移动机床	在控制面板上开启手动模式或手轮模式	1. 手动模式状态："手动"键显示绿灯。 2. 手轮模式状态："手脉"键显示绿灯
2	对刀调试	1. 在动力头上装夹数控车刀。	在手轮模式下

续表

序号	步骤	操作及说明	操作标准
2	对刀调试	2. 将工件移到靠近所对应刀具附近位置进行试切对刀。   3. 安装钻夹头，并将钻夹头移动到工件表面进行对刀 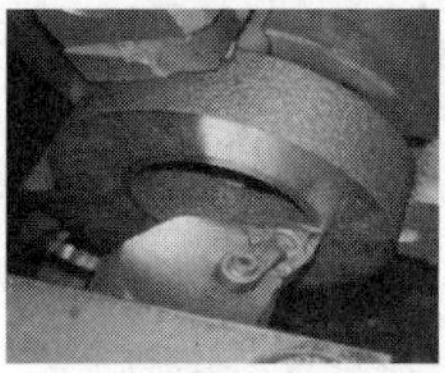 	在手轮模式下
3	设置刀补	1. 在功能面板上启动"设置"按钮。  2. 在显示面板上启动刀偏设置，分别对两把车刀和钻头进行刀偏值数据录入 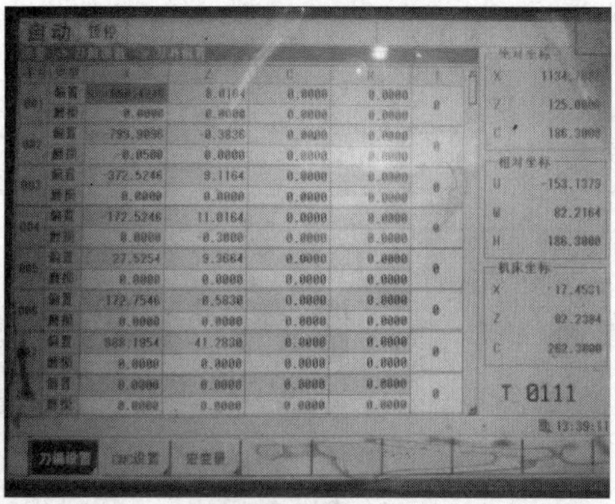	注意事项：首先需要辨识刀具的初始位置和几何参数，以便准确设置刀补

六、活动实施三：两联数控车铣中心通道的对接操作

序号	步骤	操作及说明	操作标准
1	调动手轮模式移动机床	将第一通道、第二通道数控系统控制面板设为手轮模式 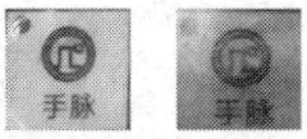	按下手脉键，准备执行移动操作
2	一通道设置	通过手轮模式将 X 轴移到靠近第二通道最大行程处 	在手轮模式下执行一通道移动操作
3	二通道设置	通过手轮模式将 X 轴移到靠近第一通道最大行程处 	在手轮模式下执行二通道移动操作
4	主轴对接	操作第一通道和第二通道，将两个主轴对齐在同一中心线上 	在对接过程中找正同轴度是关键，所以在对接过程中必须将移动倍率调小，不断微调移动在同一轴线上
5	两通道刀补设置	1. 分别在两个通道系统面板上设置刀偏表。  2. 调用一号通道刀补参数表。 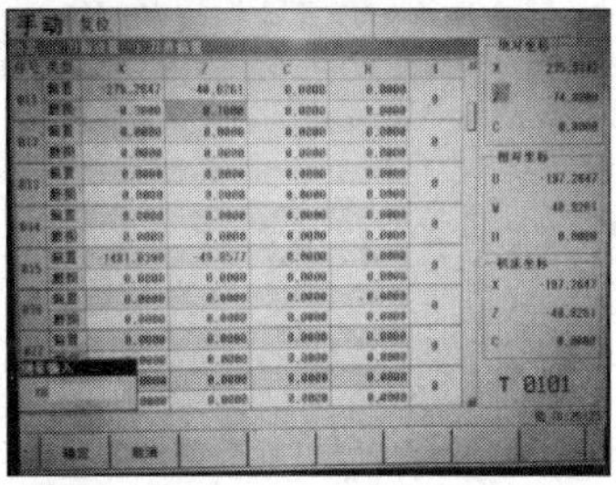 3. 调用二号通道刀补参数表 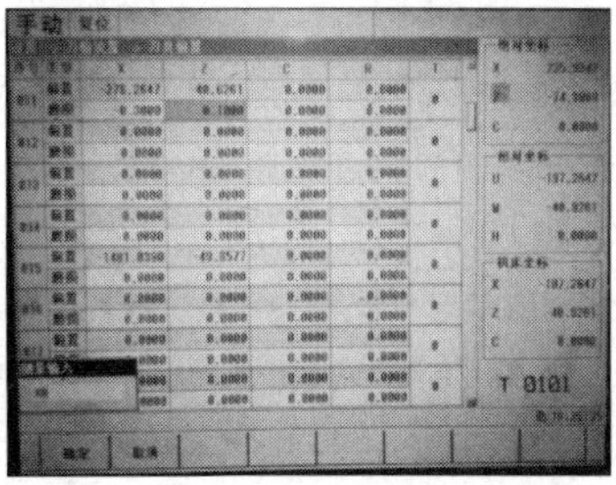	1. 点击"测量输入"分别输入 X0　Z0。 2. 可通过 MDI 方式输入指令检查对接情况

注意事项：若工件内孔尺寸未达到尺寸要求，则可能影响对接，因此必须提前做好内孔尺寸辅助对刀。

七、活动评价

序号	评价内容	评价标准	权重	小组得分
1	认识两联数控车铣中心启动生产程序的基本操作	能正确辨识操作面板按键	10	
		6S 管理达到要求	10	
2	认识两联数控车铣中心刀具的基本操作	安装刀具步骤规范	15	
		能正确对刀调试、设置刀补	15	
		场地复原符合规范	5	
3	认识两联数控车铣中心通道的对接操作	能正确完成通道的对接	15	
		完成后恢复正常状态	5	
4	观察记录两联数控车铣中心的加工情况	机床的正确加工状态是否达标，熟悉基本加工流程	10	
		完成后恢复正常状态	5	
5	小组协作	小组分工合理，相互配合	10	
	合计			
记录活动过程中的亮点与不足：				

知识拓展

一、刀具磨损常见问题分析

序号	问题类型	原因分析
1	硬质点磨损	切削时，切屑、工件材料中含有一些碳化物、氮化物和氧化物等硬质点及积屑瘤碎片等，可在刀具表面刻画出沟纹，这就是硬质点磨损
2	黏结磨损	切削时，切屑、工件与前、后刀面之间存在很大的压力和强烈的摩擦，由于切屑在滑移过程中产生剪切破坏，带走刀具材料，从而造成黏结磨损
3	扩散磨损	切削高温下，使工件与刀具材料中的合金元素在固态下相互扩散置换造成的刀具磨损，称为扩散磨损
4	化学磨损	一定温度下，刀具材料与某些周围介质起化学作用，在刀具表面形成一层硬度较低的化合物被切屑或工件擦掉而形成的磨损，称为化学磨损
5	相变磨损	当切削温度达到或超过刀具材料的相变温度时，刀具材料中的金相组织将发生变化，硬度显著下降，由此引起的刀具磨损称为相变磨损

二、刀具的加工质量保证

刀具加工精度是两联数控车铣中心生产的重要衡量指标，因使用不当会导致工件表面淬火、工件表面光洁度差、尺寸精度误差等问题，所以需要选用合适的参数和材质，才能保证刀具加工精度，延长使用寿命。具体相关要素如下：

1. 选择合适的刀具材料。
2. 选择合适的切削参数。
3. 刀具涂层。
4. 正确的刀具几何角度（减小后角，增大刀尖 R 角等）。
5. 增加夹具刀杆的刚性，减小切削时的振动。
6. 选择合适的加工余量。
7. 正确选用冷却液。
8. 正确的加工工艺。

思政素材

精密制造

在我国航天领域，超精密加工一直是制造业的"王冠"。我国大量卫星、飞船及运载火箭和重点型号装备制造生产的背后，离不开超精密加工的打磨和付出，如图4-27所示。

图4-27 叶轮加工

发动机是战略武器和运载火箭的核心产品之一，其制造技术水平直接决定飞行器的导航精度，航天科技集团九院13所作为我国航天惯性技术的奠基者，多年来一直致力于推动惯性器件制造技术的进步，并通过一系列人才培养举措，组建"大师工作室"，系统化培养超精密加工高级技能人才，提升重点型号装备的加工与制造能力，如图4-28所示为涡轮发动机。

图 4-28　涡轮发动机

拓展作业

如图 4-29 所示为高性能五轴机床，试分析：在加工精度方面，其与传统数控机床相比有哪些优势？在加工工艺和加工编程中，要保证高性能五轴机床的加工精度应考虑哪些因素？

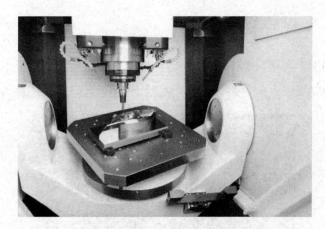

图 4-29　高性能五轴机床

项目五 桁架机械手的操作与联调

桁架机械手主要应用于产品的装配、输送作业现场，也可应用于其他行业的输送系统及无人化作业现场。

桁架机械手和数控机床紧密配合，组成无人上下料机加工系统，能够极大地提高工作效率，降低用工成本，其广泛应用于数控车床、加工中心、磨床、插齿机、清洁机等设备进行自动化上下料。用于自动化加工的桁架机械手如图 5-1 所示。

图 5-1 用于自动化加工的桁架机械手

任务一 认识桁架机械手

职业能力

能正确认识桁架机械手的结构组成、功能特点、适用场合和常用类型等，并由此迁移认知自动生产线其他类型的上下料系统。

核心概念

◆ 桁架机械手：桁架机械手是一种建立在 X、Y、Z 三直角坐标系统基础上，对工件进行工位调整，或实现工件的轨迹运动等功能的全自动工业设备，其控制核心通过工业控制器如 PLC、运动控制、单片机等实现。通过工业控制器对输入如各种传感器、按钮等信号的分析处理，做出一定的逻辑判断，然后对输出元件如继电器、电动机驱动器、指示灯等下达执行命令，从而完成 X、Y、Z 三轴之间的联合运动，以此实现一整套的全自动作业流程，可以高效率地进行自动化加工生产。

◆ 行星齿轮减速器：行星齿轮减速器是一种动力传达机构，利用齿轮的速度转换器，将电动机的回转数减速到所要的回转数，并得到较大转矩的机构。行星齿轮减速器传动轴上齿数少的齿轮啮合输出轴上的大齿轮以达到减速的目的。普通的减速器也会有几对相同原理的齿轮啮合来达到理想的减速效果，大、小齿轮的齿数之比就是传动比。

◆ 直线驱动模组：市场上桁架机械手的 X、Y、Z 轴直线运动大多采用直线导轨或丝杆的传动形式，使用伺服电动机作为驱动。以直线导轨为例，伺服电动机通过减速器驱动齿轮带动横梁、竖梁上的固定齿条，从而驱动移动导轨运动。高精度齿轮齿条加上高精度滚动直线导轨，消除了运动传动链的间隙，增加了系统刚性，减轻了冲击能量，保证了位置精度和运动精度。

学习目标

1. 能说出桁架机械手的常见类型与应用。
2. 能陈述桁架机械手的结构组成。
3. 能简述桁架机械手的功能特点和应用场合。
4. 培养认真细致的工作态度和爱国情怀。

基础知识

一、桁架机械手的分类

桁架式机器人即桁架机械手，也叫直角坐标机器人或龙门式机器人。随着科技的快速发展，桁架上下料普遍应用于各个行业的生产制造中，桁架机械手是一种能够实现自动控制、重复编程、多功能、多自由度、运动自由度间成空间直角关系的自动化设备。因为桁架机械手结构简单，故障率低，成本低，运行速度快，所以应用较为广泛。在工业应用中，桁架机械手可以替代人工完成所有工艺过程的工件自动抓取、上料、下料、装卡、工件移位翻转、工件转序加工等，能够节约人工成本，提高生产效率。根据常用的使用情景，可以将桁架机械手分为十字形桁架机械手、牛头式桁架机械手和龙门式桁架机械手 3 种。

1. 十字形（直线式）桁架机械手

十字形桁架机械手属于单机外置式机械手，主要由立柱、X 轴、Z 轴、Z 轴末端夹具，以及控制系统构成，其采用方钢做立柱，铝型材作为主框架，X 轴安装 V 形导轨作为运动框架和载体，确保其强度和直线度。十字形桁架机械手如图 5-2 所示。其特点如下：

（1）自动送料到位检测。若不到位，报警并暂停运行，等待处理，避免了许多撞车、打刀等情况的发生，自动加工更加安全、可靠。

（2）主轴定位，不规则产品也能实现自动定位装夹，大大扩展了自动加工范围，降低了生产成本。

（3）根据产品要求，制定尺寸方案。

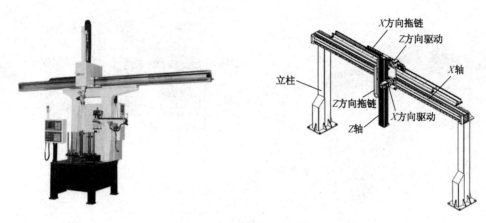

图 5-2 十字形桁架机械手

2. 牛头式（悬臂式）桁架机械手

牛头式顾名思义就是类似牛头刨床的结构，牛头式桁架机械手的手臂组件和引拔梁直接连接在一起，引拔方向同时间运动，手臂组件的正面及两个侧面没有遮挡，属开放式结构，因其牛头式结构特点，适合应用于尺寸较大注塑产品的取出，以及需埋入五金的注塑产品，如汽车保险杠、空调外壳、洗衣机配件等。结构紧凑、运行平稳、高速、稳定是牛头式桁架机械手的突出特点。牛头式桁架机械手如图 5-3 所示。

3. 龙门式桁架机械手

龙门式桁架机械手由结构框架、X 轴组件、Y 轴组件、Z 轴组件、装夹具及控制柜组成。龙门式桁架机械手能模仿人手完成很多高难度的动作来实现不同的操作，可以将固定的物品搬运码垛，也可以进行流水线上的零配件抓取装配操作。龙门式桁架机械手如图 5-4 所示。

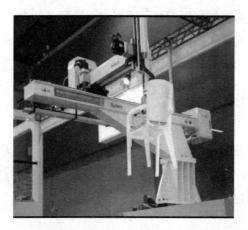
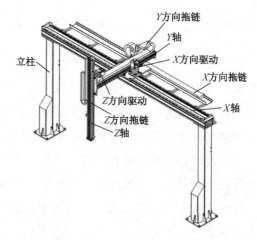

图 5-3 牛头式桁架机械手

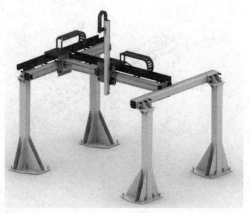
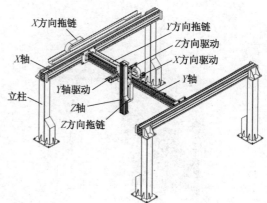

图 5-4 龙门式桁架机械手

二、桁架机械手的组成

桁架机械手主要由支架、横梁、竖梁、滑板、伺服电动机、行星齿轮减速器、齿轮、齿条、导轨、气缸等部件组成，如图 5-5 所示，通常横梁采用焊接件制作，竖梁采用铝型材制作。

1. 横梁

横梁作为桁架结构框架的组成部分，被立柱等结构件架空至一定高度。横梁上的 X 轴运动组件作为桁架机械手的核心组件，通常由结构件、导向件、传动件、传感器检测元件及机械限位组件组成，其定义规则遵循平面直角坐标系。

结构件通常由铝型材或方管等组成，其是导向件、传动件等组件的安装底座，同时也是机械手负载的主要承担者。

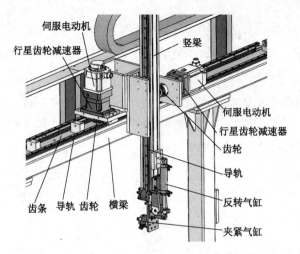

图 5-5 桁架机械手的结构示意图

导向件常用于直线导轨、方形导轨等导向结构，其具体运用需根据实际使用工况及定位精度决定。

传动件通常有电动、气动和液压三种类型，其中，电动类型有齿轮齿条结构、滚珠丝杠结构、同步带传动、链条传动，以及钢丝绳传动等。X 轴一般由伺服电动机结合行星齿轮减速器来驱动，齿轮齿条将旋转运动转化为直线运动，X 方向横梁上 Z 轴滑枕结构件在固定的齿条上进行滑动，直线导轨起滑动作用。

传感器检测元件，横梁两端采用行程开关作为电限位，当移动组件移动至两端限位开关处时，需要对机构进行锁死，防止其超程。此外，还有原点传感器及位置反馈传感器。

机械限位组件的作用是电限位行程之外的刚性限位，俗称死限位。

2. 竖梁

竖梁作为桁架机械手 Z 轴的组成部分，一般由滑枕及其附着结构等构成。竖梁上的 Z 轴运动组件作为桁架机械手的核心组件，同样由结构件、导向件、传动件、传感器检测元件及机械限位组件组成，其定义规则遵循平面直角坐标系。

相较于横梁，竖梁结构件通常使用滑枕结构等铝合金拉制型材，其是导向件、传动件等组件的安装底座。

而竖梁的传动件，如果是电动类型的 Z 轴，则由伺服电动机结合行星齿轮减速器来驱动，齿轮齿条将旋转运动转化为直线运动，Z 方向竖梁上伺服电动机及行星齿轮减速器等与 Z 轴滑枕结构件组合成一体，即伺服电动机及行星齿轮减速器等固定在滑枕结构上不移动，可移动的齿条带动滑枕的附着结构在其上进行滑动，滑枕上的直线导轨起滑动作用。

3. 行星齿轮减速器

行星齿轮减速器是一种动力传动机构，利用齿轮的速度转换器，将电动机的回转数降低到所要的回转数，并得到较大转矩。行星齿轮减速器传动轴上齿数少的齿轮啮合输出轴上的大齿轮以达到减速的目的。普通的减速器也会有几对相同原理的齿轮啮合来达到理想的减速效果，大、小齿轮的齿数之比就是传动比。

行星齿轮减速器的主要传动结构是行星齿轮、太阳齿轮和齿圈。齿圈与内部齿轮紧密接触，由外部动力驱动的太阳齿轮位于齿圈的中间部分。在太阳齿轮和齿圈之间有一个行星齿轮组，该行星齿轮组由三个相等的构建在行星架上的齿轮组成，行星架依靠输出轴、齿圈和太阳齿轮的支撑在它们之间浮动。当太阳齿轮被输入动力驱动时，行星齿轮将被驱动旋转，即沿着齿圈的轨道绕中间部分旋转。行星齿轮的转动带动与行星架相连的输出轴输出动力。行星齿轮减速器结构如图 5-6 所示。

1—输出轴；2—输出轴轴承；3—内齿轮；4—行星轮；5—太阳轮；
6—满针滚针轴承；7—太阳轮轴承；8—适配电动机法兰；9—精密装夹系统

图 5-6　行星齿轮减速器结构

行星齿轮减速器具有体积小、质量轻、承载能力强、使用寿命长、可靠性高、噪声低、输出转矩大、速比范围大、效率高等优点。此外，行星齿轮减速器为方形法兰设计，安装简便，适用于 AC/DC 伺服电动机、步进电动机、液压电动机等。行星齿轮减速器适用于起重运输、工程机械、冶金、采矿、石化、建筑机械、轻纺工业、医疗设备、仪器仪表、汽车、船舶、武器、航空航天等工业部门。

4. 抓手系统

抓手系统位于 Z 轴竖梁下方末端，根据工件形状、大小、材质等有不同形式的表现。

桁架机械手抓手系统在 90°转角机构上垂直安装两个气动三爪,如图 5-7 所示。

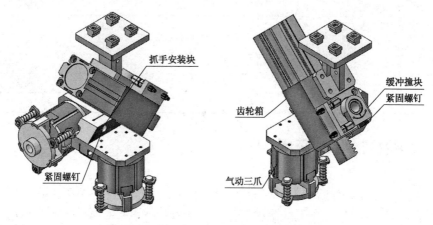

图 5-7 抓手系统

5. 控制面板

控制面板如图 5-8 所示,包括急停开关和触摸屏两部分,主要控制功能按钮包括手动、自动、机械手启动、机械手停止、Y 轴点动、Z 轴点动、抓手切换和抓手动作等。

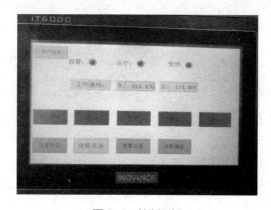

图 5-8 控制面板

6. 技术参数

十字形(直线式)桁架机械手的主要技术参数见表 5-1,包括 Y 轴最大有效行程、Z 轴最大有效行程、Y 轴最大移动速度、Z 轴最大移动速度、Y 轴最大加速度、Z 轴最大加速度、Z 轴末端负载 F_{max}、重复定位精度、传动方式、润滑方式等。

表 5-1 十字形(直线式)桁架机械手的主要技术参数

技术参数	Y	Z
最大有效行程/mm	60000	3000
最大移动速度/m/s	3	2
最大加速度/m/s^2	2	1

续表

技术参数	Y	Z
Z 轴末端负载 F_{max}/N	40000	
重复定位精度/mm	±0.05	
防护结构	选配	
传动方式	齿轮齿条	
润滑方式	手动（标配）/自动（选配）	

三、桁架机械手的应用

桁架机械手的主要作用是将工件在料库和机床主轴之间，以及机床主轴和主轴之间进行交换对接，其中，伺服电动机起驱动作用；行星齿轮减速器起减速和增大扭矩的作用；齿轮齿条将旋转运动转化为直线运动；直线导轨起滑动作用；夹紧气缸起夹紧工件的作用；翻转气缸起旋转抓手的作用。桁架机械手可以代替人从事单调、重复或繁重的体力劳动，还可以代替人在有害环境下的手工操作，因而被广泛应用于机械制造、冶金、电子、轻工和原子能等行业。

四、桁架机械手的特点

1. 优点

（1）灵活性高，用途广泛，不仅能够搬运物体，还能操作工具以便完成下达的各项作业。

（2）节约成本，提升效率。

（3）助力工厂智能升级和改造，能够实现生产线自动化，减少中间环节，大大提高了产品质量，从而提升了劳动生产率及车间自动化水平。

2. 特点

（1）高效。其各轴以极高的速度直线运行，可用伺服电动机快速响应。

（2）稳定。极小的重复性误差。

（3）高强度。可以持续工作。

（4）高精度。定位精度可达 0.02mm（基于制作成本原因，可根据使用工况适当放大定位精度）。

（5）性价比高。相比关节机器人，其负载质量大，制作成本低。

（6）操作简单。基于直角坐标系，其运动参数较为简单。

桁架机械手的操作与联调 | 项目 五

活 动 设 计

一、活动设备和工具的准备

序号	名称	简图	规格	数量	备注
1	桁架机械手			6 台	设备
2	内六角扳手套装	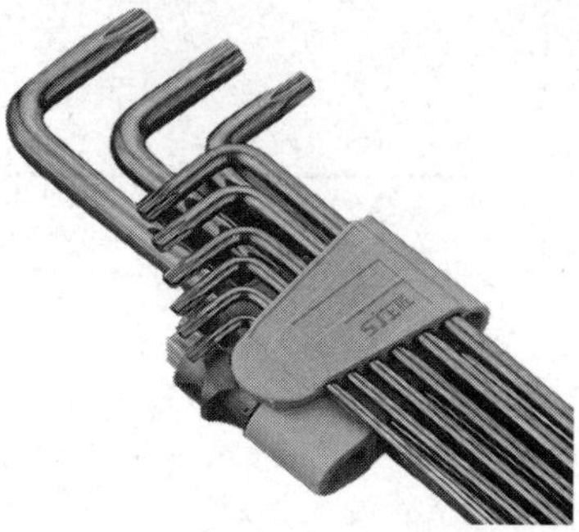	8 件套装	6 套	工具

二、活动组织

1. 分学习小组，以 5 人为一个小组。
2. 设置组长、记录员、操作员、校检员和安全员，对活动过程进行全面记录。
3. 小组中的分工可在不同项目任务中进行互换，确保每个学生都有动手机会。

工作岗位	姓 名	岗位任务	备注
组长		1. 统筹安排小组工作任务，协调调度各组员开展活动； 2. 制订实施计划，并贯彻落实到小组中的每位成员，落实岗位职责； 3. 督促做好现场管理，落实 6S 制度和安全生产制度	
记录员		1. 按工作任务要求，代表小组在《任务书》中记录活动过程中的重要数据与关键点； 2. 管理与小组活动有关的文档资料	

续表

工作岗位	姓　名	岗位任务	备　注
操作员		1. 按工作任务要求，代表小组实施具体的设备操作； 2. 按任务要求拆装相关设备或部件	
校检员		1. 负责校检实施过程的可行性、安全性和正确性； 2. 督促小组成员按所制订的计划实施活动，确保活动有效完成	
安全员		1. 熟悉设备操作安全规范，提出安全实施保障措施； 2. 在活动实施过程中，督促落实安全保障措施，监督安全生产	

三、安全及注意事项

1. 防止生产线其他设备的误操作而伤人。
2. 按操作规程操作设备，以免损坏设备。
3. 注意现场 6S 管理，在确保安全规范的前提下开展活动。

四、活动实施

序号	步骤	操作及说明	操作注意事项
1	认识桁架机械手的外观结构	1. 在确保生产线处于停止状态，十字形（直线式）桁架机械手处于断电状态下开展。 2. 按《任务书》要求，逐个认识十字形（直线式）桁架机械手直观可见的结构组成部分，包括控制面板、支架、横梁、竖梁、铭牌、到位检测开关等，并记录相关的主要参数或关键文字	确保安全，除操作员外，其他人员不得跨越现场防护栏，也不要随意触摸设备物件，防止机械伤害及触电

续表

序号	步骤	操作及说明	操作注意事项
2	认识桁架机械手组件结构	1. 用内六角扳手拆开 X 轴和 Z 轴运动组件及抓手系统的结构，观察电动机及减速器、齿轮、齿条、直线导轨和旋转气缸等。 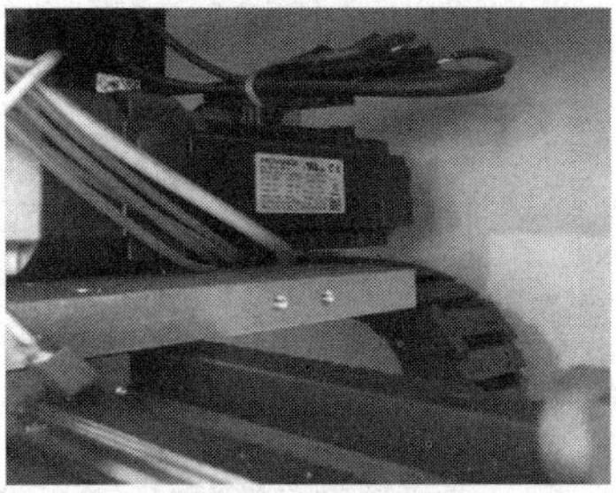 2. 观察横梁和竖梁上伺服电动机、行星齿轮减速器、抓手系统的安装位置、传动过程和控制原理。  3. 观察滑枕结构的安装和组成细节，观察 X 轴和 Z 轴两端的限位检测开关。 4. 观察记录完成后，将 X 轴和 Z 轴运动组件和抓手系统装回复原	拆装规范、不得损坏物件，观察时注意保护头部和手部
3	认知控制面板	1. 在确保安全的前提下，将桁架机械手通电。 2. 观察控制面板正面的功能按钮，认识各功能按钮的控制内涵。 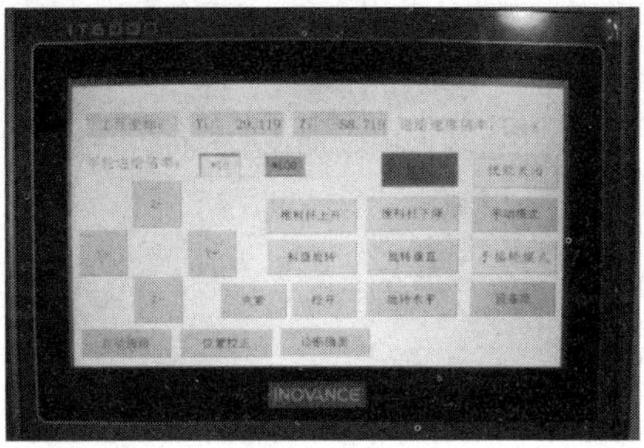 3. 观察触摸屏面板的反面，知道基本接线要求 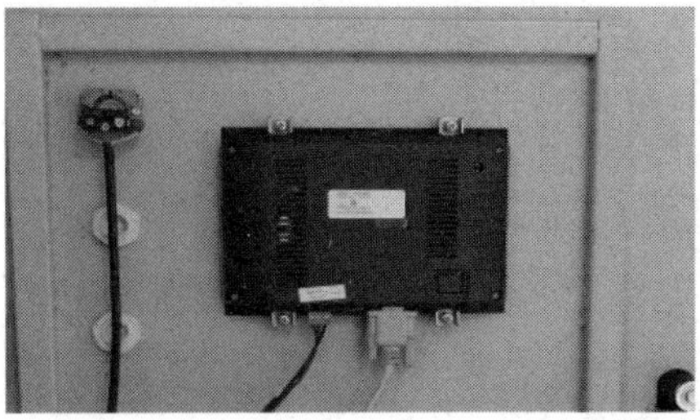	观察时不能随意按压按钮或触碰面板，以免引起设备误操作而伤人

续表

序号	步骤	操作及说明	操作注意事项
4	观察电气控制柜内部结构	1. 在确保设备处于断电状态下进行。 2. 按锁销打开电气控制柜，观察内部结构，认识主要电气元件。  3. 观察后，关闭电气控制柜门，上锁销	注意不要用任何物件触碰电气元件，观察结束后关闭柜门，并将其恢复到拆前状态

五、活动评价

序号	评价内容	评价标准	权重	小组得分
1	认识桁架机械手的外观结构	能正确辨识部件与构件	25	
		6S 管理达到要求	10	
2	认识桁架机械手组件结构	拆装步骤规范	10	
		能正确辨识部件与构件	10	
		场地复原符合规范	5	
3	认识控制面板	正确辨识功能按钮	10	
		完成后恢复至正常状态	5	
4	观察电气控制柜内部结构	正确辨识控制柜内部电气元件，熟悉基本功能	10	
		完成后恢复至正常状态	5	
5	小组协作	小组分工合理，相互配合	10	
	合计			

记录活动过程中的亮点与不足：

知识拓展

常见的桁架机械手有机床上下料机器人、码垛机器人、涂胶（点胶）机器人、检测机器人、打磨抛光机器人、装配机器人、医疗机器人等。未来应重点发展铸造、热处理方面的机械手，以减轻人工作业的劳动强度，改善作业条件，在应用专用机械手的同时发展通用机械手，有条件的还要研制示教式机械手、计算机控制机械手和组合机械手等。

除两轴桁架机械手外，还有三轴桁架机械手、多轴桁架机械手等。三轴桁架机械手主要有牛头式（悬臂式）和龙门式，如图5-9和图5-10所示。

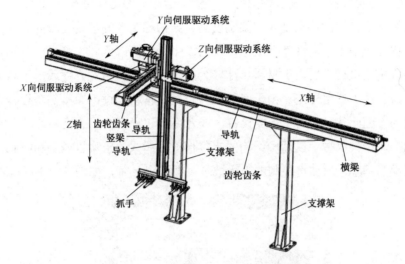

图5-9　牛头式（悬臂式）桁架机械手

为适应行业高效率、高精度和高稳定性的发展需求，悬臂式结构的桁架机械手已逐渐退出市场。与龙门式结构相比，悬臂式的横梁负载更多，在工作时容易发生形变，因此悬臂式横梁就必须要有一定的刚性，而高速发展的行业趋势又对横梁的轻量化提出要求，在刚性和轻量化不能兼得的情况下，悬臂式结构淡出市场。

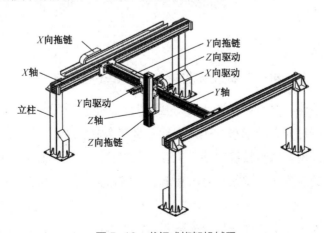

图5-10　龙门式桁架机械手

龙门式桁架机械手又可分为单驱和双驱两种形式。双驱顾名思义就是双边驱动完成动作，这样能保证横梁均匀受力，不易变形。单驱则是单边驱动，这样在工作过程中很容易因两端受力不均而导致精度不高，以及变形。在长期使用过程中，双边驱动的桁架机械手更稳定，龙门横梁不易变形。

双边驱动的桁架机械手的优势如下：
1. 双边齿轮齿条传动力更大、更平稳，精度更高，速度更快。
2. 采用双边驱动的齿轮齿条比单边驱动的寿命更长。
3. 双边驱动的齿轮齿条延长性更好，机械手活动范围可以更大。

龙门式桁架机械手的特点是龙门架刚度高，结构稳定性好，精度较高。龙门式平台为一体构造，优点就是由于两端都有支撑，不易发生倾斜，因此即使是长久使用也不易产生误差。龙门式桁架机械手适用于材料尺寸较为固定、上下料相对方便或上下料方式较为固定的场合。缺点在于通用性差。由于其高度和长度及移动行程，通常都是根据设备的高度和宽度定制的，因此其只能用于一类设备，或者高度和宽度相似的设备。

常见的多轴桁架机械手以两轴结构的十字形（直线式）桁架机械手和三轴结构的龙门式桁架机械手为基础，增加可控制的竖梁数量，即多个 Z 轴，如图 5-11 所示。

图 5-11　多轴桁架机械手（基于三轴结构）的应用

思政素材

机械手助力企业向智能制造迈进新台阶

实施制造强国战略，吹响了制造业向"智造"升级的进军号角。面对千帆竞发、百舸争流、不进则退、慢进亦退的形势，让"智能"贯穿企业生产经营全领域。从手工工厂到机械动力生产，再到现在以科技决定胜负生存，从廉价的劳工赚取企业的利润，到现在劳工是企业发展最大的瓶颈和支出，唯有改变观念，着眼未来，与时俱进，为企业自动化工业大发展做好准备。

机械手是代替人工上下料的一种智能装备，如图 5-12 所示。机械手被广泛应用于自动化生产线中，利用机械手可以大大提高工作效率。

图5-12 机械手的应用

拓展作业

试分析直角坐标机器人（桁架机械手）与关节机器人的区别。

任务二 桁架机械手的操作

职业能力

能按操作规程正确操作十字形（直线式）桁架机械手，熟悉基本调整，会排除简单故障，确保桁架机械手在连续运转过程中正确、可靠、精准地执行料库和机床之间的上料工序、机床和自动传输带之间的下料工序或机床和机床之间的中转工序。

核心概念

- ◆ 机械手运行时序图：用来描述机械手各部件之间发送消息的时间顺序，显示机械手多个对象之间动态协作状态的逻辑图。
- ◆ 机械手操作规程：为保证机械手安全、稳定、有效运转而制定的操作机械手时必须遵循的程序或步骤。

学习目标

1. 能画出机械手运行时序图，并简述机械手的工作过程。
2. 熟悉机械手操作规程，会操作十字形（直线式）桁架机械手。

3. 会对十字形（直线式）桁架机械手进行简单调整。
4. 培养规范的操作习惯，树立安全意识。

基础知识

一、十字形（直线式）桁架机械手操作规程

如图 5-13 所示为十字形（直线式）桁架机械手，其基本安全操作规程如下：

（1）十字形（直线式）桁架机械手应水平安装稳固，运行中无振动。

（2）系统上电时，直接打开桁架机械手总电源开关，释放急停开关，十字形（直线式）桁架机械手得电。系统下电时，先按急停开关，然后关闭桁架机械手总电源开关。

（3）十字形（直线式）桁架机械手上下料工作不得超过出厂铭牌规定规格、载重，待上下料工件的工艺、位置和姿态应符合该上下料工序对应的规范标准。

（4）自动上下料作业前，应检查并确认各传动部件连接牢固可靠，先空运行移动 2～3 个工位并测试手抓系统，确认正常后方可开始作业。

（5）自动化作业时，非操作和辅助人员应在生产线外活动。

（6）当需要添加工件或操作调整机床时，须将生产线暂停，确保机械手处于停止状态，无安全隐患。

（7）当出现紧急情况的时候，应立刻按下操作屏幕旁的急停开关，当故障解除时，旋转急停开关复位。

（8）生产作业停止后，应对十字形（直线式）桁架机械手进行清洁保养，保持现场整洁。

（9）作业后，应切断电源，锁好电闸箱，做好日常保养工作。

图 5-13　十字形（直线式）桁架机械手

二、机械手操作者注意事项

（1）禁止非专业人员操作机械手，非专业人员不能更改机械手参数。

（2）禁止操作人员戴手套操作机械手电子触摸屏。

（3）启动机械手时，注意观察机械手上下料位是否基于原点方位偏移，假如是，请手动恢复原位再运转生产线。

（4）注意观看机械手与料库、机床和自动传输带的运行时序是否配合，如有失配现象，则必须调整到位后方可持续运行。

（5）防止车间灰尘油污物影响检测开关的灵敏性。

（6）出现工件未到位、工件未取出、工件掉落等故障时，应立即暂停，排除故障后方可继续运行。

三、十字形（直线式）桁架机械手运行时序图

机械手运行时序图是 PLC 控制机械手运行的必要步骤。熟悉机械手控制互锁条件，对明晰机械手工作过程非常重要。十字形（直线式）桁架机械手运行时序图如图 5-14 所示。

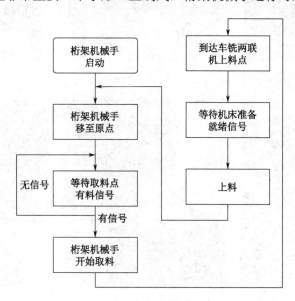

图 5-14　十字形（直线式）桁架机械手运行时序图

四、十字形（直线式）桁架机械手的工作过程

机械手在桁架上进行水平运动到达指定位置，进行下降运动，手爪张开将工件夹紧，然后进行上升运动、逆向运动，将工件放在上下料工序指定位置上，最后手爪松开，依次循环实现机床自动连续上、下料。

1. 十字形（直线式）桁架机械手的上料过程

机械手臂沿 X 轴运动到工件取料位置的上方后停止，然后沿 Z 轴向下运动使手爪刚好能抓住工件，手爪抓住工件后，沿 Z 轴向上运动到指定高度，然后再沿 X 轴方向运动到工件调整平台，沿 Z 轴向下运动使工件与工件调整平台接触后松开手爪，Z 轴向上运动到指定高度，沿 Z 轴再次向下运动使手爪刚好能抓住工件，手爪抓住工件后，沿 Z 轴向上运动到指定高度，手爪转动 90°，机械手臂沿 X 轴运动到指定位置，沿 Z 轴向下运动到卡盘正前方，机床的主轴及卡盘伸出至抓取工件位置，接着卡盘夹紧工件，主轴及卡盘收回，机械手臂沿 Z 轴上升到指定位置，沿 X 轴再运动到等待位置，依次循环实现机床自动连续上料，如图 5-15 所示。

（a）机械手臂到达工件取料位置上方

（b）机械手爪抓取工件

（c）机械手将工件抓放到工件调整平台

（d）机械手从工件调整平台抓取工件

（e）机械手将工件移动到指定位置

（f）卡盘伸出抓取工件

图 5-15 桁架机械手的上料过程

2. 十字形（直线式）桁架机械手的下料过程

完成工件加工后，机械手臂沿 X 轴运动到指定位置，手爪转动 90°，松开夹爪，机械手沿 X 轴运动到卡盘工件位置，手爪抓住工件，卡盘松开工件，沿 X 轴方向运动到放料位置，手爪转动 90° 张开放料，再转入下一个下料过程，如图 5-16 所示。

(a)机械手臂到达卡盘指定位置

(b)机械手爪抓取工件

(c)机械手将工件放到传送带

图5-16 桁架机械手的上料过程

活动设计

一、活动设备、工具准备

序号	名称	简图	规格	数量	备注
1	上料桁架机械手			6台	设备
2	圆盘式自动料仓及气缸件毛坯			6套	设备及物料

续表

序号	名称	简图	规格	数量	备注
3	下料桁架机械手	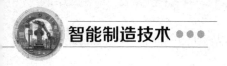		6 台	设备

二、活动组织

1. 分学习小组，以 5 人为一个小组。
2. 设置组长、记录员、操作员、校检员和安全员，对活动过程进行全面记录。
3. 小组中的分工可在不同项目任务中进行互换，确保每个学生都有动手机会。

工作岗位	姓 名	岗位任务	备注
组长		1. 统筹安排小组工作任务，协调调度各组员开展活动； 2. 制定实施计划，并贯彻落实到小组中的每位成员，落实岗位职责； 3. 督促做好现场管理，落实 6S 制度和安全生产制度	
记录员		1. 按工作任务要求，代表小组在《任务书》中记录活动过程中的重要数据与关键点； 2. 管理与小组活动有关的文档资料	
操作员		1. 按工作任务要求，代表小组实施具体的设备操作； 2. 按工作任务要求，拆装相关设备或部件	
校检员		1. 负责校检实施过程的可行性、安全性和正确性； 2. 督促小组成员按所制订的计划实施活动，确保活动有效完成	
安全员		1. 熟悉设备操作安全规范，提出安全实施保障措施； 2. 督促小组成员在活动实施过程中落实安全保障措施，监督安全生产	

三、安全及注意事项

1. 防止自动生产线其他设备的误操作而伤人，进入生产线工作范围进行操作时，应让生产线设备处于暂停状态。
2. 严格按照安全操作规程操作设备，杜绝多人操作机械手，小组成员按分工各负其责。
3. 禁止戴手套操作触摸屏，以防误操作。
4. 注意现场 6S 管理，在确保安全规范的前提下开展活动。

四、活动实施

序号	步骤	操作及说明	操作注意事项
1	料仓、机床和自动传输带工位复位成初始化状态	1. 要确保料仓的位置状态等正确，并且配备好工件毛坯。 2. 必须清空机床和自动传输带等设备上的工件上下料工位，并确保设备相关组件，如自动门、工件卡盘和电动机等状态正常。 3. 上述复位初始化工作完成后，准备启动	1. 确保安全，除操作员外，其他人不得跨越现场防护栏，不得随意触摸设备物件。 2. 料仓、机床的自动门和工件卡盘，以及自动传输带的电动机等状态要根据其所属工位要求而定
2	启动上料机械手	电源系统上电，释放急停按钮，启动桁架机械手	1. 避免戴手套操作触摸屏。 2. 避免手部沾有油污等污染物直接触摸屏幕。 3. 启动上料机械手时应先上电，然后释放急停开关
3	点动操作上料机械手	1. 将机械手工作模式调整为手动模式。 2. 确保调试机械手过程中移动路径上没有障碍物，不会发生碰撞。	1. 点动机械手时，避免 X 轴和 Z 轴方向同时移动。 2. 点动机械手时，切忌正、反方向同时操作。 3. 需要进行点位示教前必须执行回原点操作。 4. 设置合适的点动速度

续表

序号	步骤	操作及说明	操作注意事项
3	点动操作上料机械手	3. 分别按 X 轴和 Z 轴的正、反向移动按钮，长按点动，先将机械手在两个方向上来回活动测试并热机，接着执行回原点操作，点动机械手移动到每个工位工序所需的合适位置后按示教记录位置数据 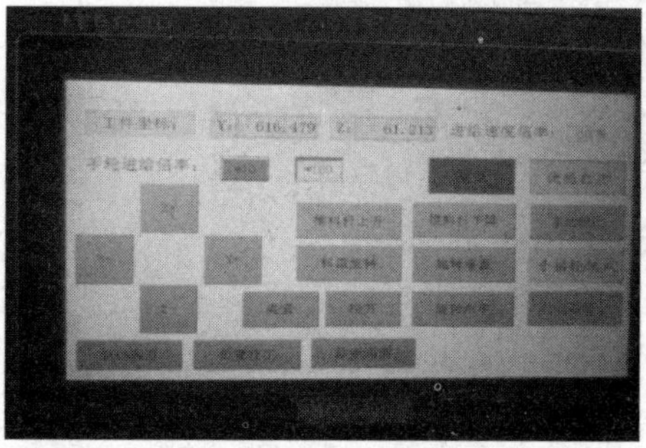	1. 点动机械手时，避免 X 轴和 Z 轴方向同时移动。 2. 点动机械手时，切忌正、反方向同时操作。 3. 需要进行点位示教前必须执行回原点操作。 4. 设置合适的点动速度
4	上料机械手操作	1. 手动移到机械手 X 轴和 Z 轴，使机械手上的气动手爪到达料仓与工件毛坯接触。  2. 在控制面板上按夹紧按钮，使气动手爪夹紧毛坯，并切换到坐标设置界面，点击"取料位置保存"按钮，设置料仓取料坐标。 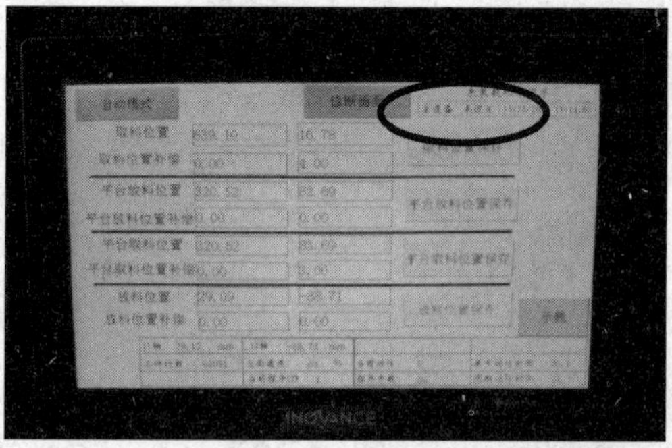	1. 绝对运动前确保移动路径无障碍。 2. 机械手绝对运动时避免在 X 轴和 Z 轴方向同时移动。 3. 调试机械手到达取料点附近时，再次检查夹爪是否松开（收缩状态）。 4. 机器人取料时检查夹爪是否对齐毛坯的中心位置，夹爪压紧弹簧是否压到位。 5. 调整手爪姿态时要合理，由原来的垂直状态变为水平状态时，不能碰到周边的防护装置。 6. 操作按钮时要看清楚再操作，不要按错按钮

桁架机械手的操作与联调 | 项目 五

续表

序号	步骤	操作及说明	操作注意事项
4	上料机械手操作	3. 手动移动机械手 X 轴和 Z 轴，使机械手上的气动手爪将夹好的毛坯送到放料平台，并在面板上点击"松开"按钮松开毛坯，切换到坐标设置界面，点击"平台放料位置保存"按钮，设置平台放料位置坐标。 4. 手动移动机械手，再次将气动手爪对准放料平台上的毛坯，夹紧工件毛坯，并切换到坐标设置界面，点击"平台取料位置保存"按钮，设置平台取料位置坐标。 5. 将主轴移到指定位置，并记录主轴坐标，手动移动机械手，将工件移到主轴相对应的位置，点击面板上的旋转水平按钮，将气爪及工件旋转 90°，使毛坯与主轴正对并接触。 6. 切换到坐标设置界面，点击"放料位置保存"按钮，设置放料位置坐标，完成上料坐标设定操作	1. 绝对运动前确保移动路径无障碍。 2. 机械手绝对运动时避免在 X 轴和 Z 轴方向同时移动。 3. 调试机械手到达取料点附近时，再次检查夹爪是否松开（收缩状态）。 4. 机器人取料时检查夹爪是否对齐毛坯的中心位置，夹爪压紧弹簧是否压到位。 5. 调整手爪姿态时要合理，由原来的垂直状态变为水平状态时，不能碰到周边的防护装置。 6. 操作按钮时要看清楚再操作，不要按错按钮

· 139 ·

续表

序号	步骤	操作及说明	操作注意事项
5	下料机械手操作	1. 启动桁架下料机械手。  2. 打开桁架下料机械手双电控二位五通电池阀。 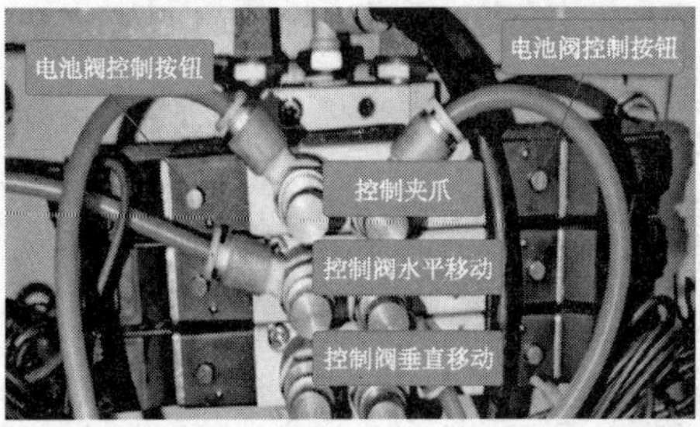 3. 开启"控制阀水平移动"按钮,将桁架下料机械手移动到取料位置。  4. 输入信号指令,下料机械手撑开夹爪,夹住工件,机床主轴松开卡盘并离开下料机械手。下料机械手取料后,将工件放到输送带上方,并松开夹爪 	1. 检查下料机械手上传感器的安装位置,并检查传感器是否正常工作。 2. 确保气缸动作时周边不存在干扰物。 3. 避免过于频繁切换两个抓手位置和抓手状态。 4. 检查旋转气缸的旋转角度,以及检查夹紧气缸控制的抓手行程是否符合需求。 5. 调节阀门大小,设置合适的气缸动作速度

五、活动评价

序号	评价内容	评价标准	权重	小组得分
1	料仓、机床和自动传输带工位复位成初始化状态	设备组件状态要符合复位初始化要求	10	
		6S 管理达到要求	5	
2	启动上料机械手	正确辨识功能按钮	5	
		完成后恢复正常状态	5	
		按规范准则使用	5	
3	点动操作上料机械手	操作时勿违反使用要求	5	
		按流程操作,并合理设置相关参数	10	
4	上料机械手操作	操作时勿违反使用要求	5	
		按流程操作,并合理设置相关参数	10	
5	下料机械手操作	操作时勿违反使用要求	5	
		按流程操作,并按要求调整硬件设置	10	
6	料库、机床和自动传输带工位工序执行	操作时勿违反使用要求	5	
		自动运行能达到预期效果	10	
7	小组协作	小组分工合理,相互配合	10	
	合计			

记录活动过程中的亮点与不足:

知识拓展

在日常使用桁架机械手的过程中总会遇到这样或那样的问题,造成一些不必要的损失,因此我们针对桁架机械手日常操作中的常见问题列出如下解决方法。

1. 先排除故障后调试

对于调试和故障并存的电气设备,应该先排除故障,然后再进行调试,调试必须在电气线路正常的情况下进行。

2. 先外面后里面

应先检查设备表面有无明显裂痕、缺损，了解其维修史、使用年限等，然后对机器内部进行检查。拆卸前应排除周边的故障因素，确定为机内故障后再拆卸，切勿盲目拆卸。

3. 先机械部分后电气部分

只有在确定机械零件无故障后，才能进行电气方面的检查。检查电路故障时，应利用检测仪器寻找故障部位，确定无接触不良故障后，再有针对性地查看线路与机械的运作关系，以免误判。

4. 更换电气部件时，先外围后内部

不要急于更换损坏的桁架机械手电气部件，在确认外围设备电路正常时，再考虑更换损坏的电气部件。

5. 日常检修时，先直流后交流

日常检修时，必须先检查直流回路静态工作点，再检查交流回路动态工作点。

6. 出现故障时，先动口再动手

对于有故障的桁架上、下料电气设备，不要急于动手，应先询问产生故障的前、后经过及故障现象。对于生疏的设备，还应先熟悉电路原理和结构特点，遵守相应规则。拆卸前要充分熟悉每个电气部件的功能、位置、连接方式，以及与周围其他器件的关系。在没有组装图的情况下，应一边拆卸，一边画草图，并做上标记。

7. 先静态后动态

在桁架上、下料机械手未通电时，先判断电气设备按钮、接触器、热继电器及熔断器的好坏，从而判定故障所在位置，然后进行通电试验，听其声、测参数、判断故障。如在电动机缺相时，若测量三相电压值无法判别，就应该听其声，单独测每相对地电压，方可判断哪一相缺损。

8. 维护保养时，先清洁后维修

对于污染较重的电气设备，应先对其按钮、接线点、接触点进行清洁，检查外部控制键是否失灵。许多故障都是由脏污及导电尘埃引起的，一经清洁，故障往往会排除。

9. 先电源后设备

日常桁架上下料机械手电源部分的故障率在整个故障设备中占的比例很高，先检修电源往往可以事半功倍。

思政素材

安全操作，警钟长鸣

一、事故经过

某高校一位男生在铣床实习即将结束时，指导教师要求其停车清理工作现场，而该同学工作积极性高，想再赶一件活。当他用两把三面刃铣刀自动走刀铣一个铜件台阶时，本应用毛刷清除碎切屑，但该同学心急求快，用戴着手套的手去拨抹切屑，结果手套连同手一起被绞了进去。虽然指导教师及时切断了电源，但该同学的中指已被切掉1厘米，造成终身遗憾。

二、事故分析

该同学未按照指导教师要求进行实习，并且在工作中违反了"严禁戴手套操作"和"严禁用手清除切屑"等安全操作规程，造成不该发生的人身伤害事故。

拓展作业

数控机床上、下料桁架机械手如何定位位置精度？

项目六 输送带的操作与联调

输送带是一种常见的输送机械设备,以连续、均匀、稳定的输送方式,沿着一定的线路输送散状物料和成件物品,也可称为输送机,如图6-1所示。输送带常用于生产线成品件自动下料输送系统,输送系统一般由机架、主动轴机构、从动轴机构和减速电动机等组成。

图 6-1 输送带

任务一 认识输送带

职业能力

能正确认识输送带的结构组成、功能特点、适用场合、常用类型等,并由此迁移认知其他类型的输送机械设备。

核心概念

输送带是完成其物料输送任务的机械设备,在智能制造领域,能配合自动生产线进行下料输送,也可存放少量成品零件。输送带是现代装备传输系统实现物料输送搬运的最主要基础装备,在现代生产企业的各种自动化流水线生产中都可能用到输送带。

学习目标

1. 能描述出输送带的组成部分及各部分的作用。
2. 能陈述输送带的工作过程、功能特点和应用场合。
3. 能简述其他类型输送设备的应用场合与功能特点。
4. 培养探索新知识和细致观察的工匠精神。

基础知识

一、常见输送带的类型及应用

1. 皮带输送带

皮带输送带也称皮带输送机,如图 6-2 所示。皮带输送带的驱动方式有减速电动机驱动、电动滚筒驱动,通过变频器进行调速。皮带输送带既可输送各种散料,又可输送各种纸箱、包装袋等单件质量不大的货物,广泛应用于轻工、电子、食品、化工、木业、机械等行业。

图 6-2 皮带输送带

皮带输送带输送平稳,物料与输送带之间没有相对运动,能够避免对物料的损坏;噪声较小,适合于工作环境要求比较安静的场合;结构简单,便于维护;能耗较小,使用成本低。

2. 链板输送带

链板输送带以整个输送链板为平面，如图 6-3 所示，适合于较大工件的作业和输送，也可在链板上装配工装夹具。

图 6-3　链板输送带

链板输送带的载荷大，运行平稳，工件能直接放在线上输送；链板输送带布局灵活，可以在一条输送带上完成水平、倾斜和转弯输送，结构简单，维护方便；链板输送带的输送面平坦光滑，摩擦力小，物料在输送带之间的过渡平稳，可输送各类玻璃瓶、PET 瓶、易拉罐等物料，也可输送各类箱包。

3. 链条输送带

链条输送带也可称为链条线，如图 6-4 所示。图 6-5 所示为倍速滚子链条输送带。链条输送带是以链条作为牵引和承载体进行物料输送的设备，链条可以采用普通的套筒滚子输送链，也可加上承载滚子形成倍速链用于运输托盘，也可以加上特定的支撑工装用于运输特定的设备等。

图 6-4　链条输送带　　　　　图 6-5　倍速滚子链条输送带

4. 滚筒输送带

滚筒输送带分为动力滚筒输送带和无动力滚筒输送带，两者都是输送设备领域中的重要输送方式，如图6-6所示。

图6-6 滚筒输送带

滚筒材质多为镀锌碳钢或不锈钢，一般由减速电动机变频驱动。根据现场运输实际需要，滚筒输送带的结构形式灵活多变，广泛应用于各行各业的周转输送。

滚筒输送带适用于底部为平面的物品输送，主要由传动滚筒、机架、支架、驱动装置等组成。输送量大，速度快，运转轻快，能够实现多品种共线分流。

5. 物流智能分拣输送带

物流智能分拣输送带可以由上述介绍的皮带输送带、滚筒输送带、牛眼特殊转向输送装置等组合而成，输送带上可集成红外扫码装置，对包裹扫描后进行定点输送，整个输送带由集中控制系统进行统一转向及调速控制，如图6-7所示。

图6-7 物流智能分拣输送带

物流智能分拣输送带自动控制系统利用PLC控制技术，使系统根据生产指令，通过其自动识别功能和输送带系统，自动地和柔性地把托盘箱里的生产物料，以最佳的路径、最快的速度，准确地从生产场地的一个位置输送到另一个位置，从而完成生产物料的时空转移，保证各种产品的生产按需要协调进行和按需要迅速变化。

二、输送带的组成

输送带用于工件的收集传输,一般放置在机床的下料位置。输送带通常由电动机、减速器、传输带、支撑架等组成,如图6-8所示。

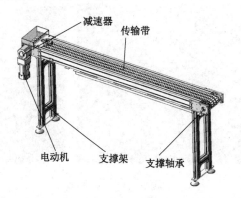

图6-8 输送带的组成

三、输送带的工作原理

输送带的工作原理是电动机通过减速器带动输送带不断旋转,从而实现对工件的传输。电动机用于提供动力,减速器用于增大扭矩,同时通过调节电动机的转速来调节输送带的速度。

输送带主要用于工件的输送和收集,通常安装在机床的下料部位,将每台机床的料进行收集汇集到一点,用于装箱或下一工序的加工。

四、认识链板输送带

链板输送带是一种常用于机床下料的输送带,主要由机架、主动轴机构、从动轴机构、传输带和减速电动机等组成,如图6-9所示。链板为平面,工件能直接放在线上输送,也可在链板上装配工装夹具。

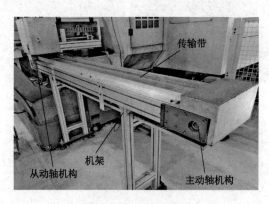

图6-9 链板输送带

1. 机架

机架主体由铝合金型材组装而成，主要起固定和支撑作用。

2. 主动轴机构

如图 6-10 所示，主动轴机构包括两侧的轴承板、轴承、主动轴、主动链轮等。主动轴机构一般安装在输送带的头部位置，其主要作用是驱动链板带运动。减速电动机带动主动轴旋转，主动轴上的主动链轮再带动链板输送带做直线运动。

（a）轴承板　　　　　　　（b）主动链轮　　　　　　（c）减速电动机

图 6-10　主动轴机构

3. 从动轴机构

如图 6-11 所示，从动轴机构主要由两侧的轴承板、轴承、从动轴、从动链轮等组成。从动轴机构一般安装在输送带的头部位置。

图 6-11　从动轴机构

4. 输送带

输送带由多个链板和铰链组装成一条环形带，由主动链轮转动带动整条输送带运动，从而带动链板上的成品零件移动，如图 6-12 所示。

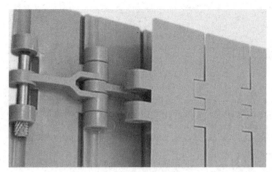

图 6-12 链板

5. 减速电动机

减速电动机一般由三相异步电动机和齿轮减速器组合而成，用来降低转速和增大转矩，以满足传动的需要，如图 6-13 所示。

图 6-13 减速电动机

6. 电气控制箱

链板输送带的电气控制线路比较简单，其供电电源由机床设备的供电箱负责提供。电气控制主要是控制减速电动机的供电和断电，从而满足自动生产线运行工作的需要。链板输送带电气控制箱如图 6-14 所示。

图 6-14 链板输送带电气控制箱

五、输送带的特点

（1）可在一个区间内连续搬运物料，运行平稳，效率高，容易控制。
（2）主要配合下料机构自动完成输送，可实现半自动化或全自动化加工。
（3）节省人力。
（4）可调节不同的工作速度，满足大部分输送需求。
（5）工作范围广，适用于各类数控车、铣、磨等机床加工下料输送。

活动设计

一、活动设备和工具准备

序号	名称	简图	规格	数量	备注
1	链板输送带		820-K600	6台	设备
2	内六角扳手套装		8件套装	6套	工具

二、活动组织

1. 分学习小组，以5人为一个小组。
2. 设置组长、记录员、操作员、校检员和安全员等，全面记录活动过程。
3. 小组中的分工可在不同项目任务中进行互换，确保每个学生都有动手机会。

工作岗位	姓　名	岗位任务	备　注
组长		1. 统筹安排小组工作任务，协调调度各组员开展活动； 2. 制订实施计划，并贯彻落实到小组中的每位成员，落实岗位职责； 3. 督促做好现场管理，落实 6S 制度和安全生产制度	
记录员		1. 按工作任务要求，代表小组在《任务书》中记录活动过程中的重要数据与关键点； 2. 管理与小组活动有关的文档资料	
操作员		1. 按工作任务要求，代表小组实施具体的设备操作； 2. 按工作任务要求，拆装相关设备或部件	
校检员		1. 负责校检实施过程的可行性、安全性和正确性； 2. 督促小组成员按制定的计划实施活动，确保活动有效完成	
安全员		1. 熟悉设备操作安全规范，提出安全实施保障措施； 2. 督促小组成员在活动实施过程中落实安全保障措施，监督安全生产	

三、安全及注意事项

1. 防止生产线其他设备的误操作而伤人。
2. 按操作规程操作设备，以免损坏设备。
3. 注意现场 6S 管理，在确保安全规范的前提下开展活动。

四、活动实施

序号	步骤	操作及说明	操作注意事项
1	认识输送带的外观结构	1. 在确保生产线处于停止状态，输送带处于断电状态下开展。 2. 按《任务书》要求，逐个认识输送带直观可见的结构组成部分，包括机架、主动轴机构、从动轴机构、输送带和减速电动机等，并记录相关的主要参数或关键文字 	1. 确保安全，除操作员外，任何人不得跨越现场防护栏。 2. 不得随意触摸设备物件，防止毛刺伤手

续表

序号	步骤	操作及说明	操作注意事项
2	认识主动轴机构和减速电动机等的装配结构	1. 用内六角扳手拆开输送带带头护板，观察主动轴机构和减速电动机的装配。 2. 熟悉减速电动机、减速器、主动轴、主动链轮和轴承的安装位置，理解传动过程和原理。 3. 观察记录完成后，装回护板复原	1. 拆装规范，不得损坏物件。 2. 观察时避免夹手，注意保护手。 3. 女生须戴防护帽，防止头发掉落。 4. 观察记录完成后，恢复护板安装
3	认识电气控制箱	1. 打开输送带电气控制箱，观察电气控制箱空气开关。 2. 空气开关为三相三线制开关，按下红色按钮开关接通，按下黑色按钮开关断开	1. 操作时确保设备处于断电状态。 2. 尝试按压开关，防止触电。 3. 操作完成后，确保红色按钮被按下，设备处于供电状态。 4. 观察完成后，关闭电气控制箱

五、活动评价

序号	评价内容	评价标准	权重	小组得分
1	认识输送带的外观结构	能正确辨识部件与构件	25	
		6S管理达到要求	10	
2	认识主动轴机构和减速电动机等的装配结构	拆装步骤规范	10	
		能正确辨识部件与构件	20	
		场地复原符合规范	5	
3	认识电气控制箱	能正确辨识功能按钮	5	
		完成后恢复正常状态	5	

续表

序号	评价内容	评价标准	权重	小组得分
4	观察电气控制箱内部结构	能正确辨识功能内部电气元件,熟悉基本功能	5	
		完成后恢复正常状态	5	
5	小组协作	小组分工合理,相互配合	10	
	合计			

记录活动过程中的亮点与不足:

知识拓展

积放式输送带一般由动力系统、牵引直轨、牵引弯轨、承载直轨、承载弯轨、承载车组、合流道岔、分支道岔、停止器及电控系统等组成。悬挂型积放式输送带是一种适用于高生产率、柔性生产系统的运输设备,不仅起着运输作用,而且贯穿整个生产线,集精良的工艺操作、存储和运输功能于一体。随着现代化物流输送技术的飞速发展,积放式输送带在各行各业得到广泛应用,特别是在汽车制造业中,如四门装配线、发动机装配线、整车装配线等。图 6-15 所示为汽车喷涂用的悬挂型积放式链条输送带。

图 6-15 汽车喷涂用的悬挂型积放式链条输送带

思政素材

中国造,非洲单条最长、单吨能耗世界最低输送带重载调试成功

由中国华电集团旗下华电重工承建的中铝几内亚 Boffa 项目长距离铝土矿运输系统,

于 2020 年 4 月 6 日重载试车，运行稳定且满足设计出力要求，达到预期运行效果，如图 6-16 所示。该长距离输送带全长 24 千米，系统设计能力为 5000 吨/小时，是目前中国和几内亚带速最高、运量最大、运行工况最复杂、露天矿运程最长的带式输送胶带机系统。

图 6-16　中铝几内亚 Boffa 项目长距离铝土矿运输系统

拓展作业

试分析如图 6-17 所示胶带式输送系统在智能制造领域中的应用场合和优缺点。

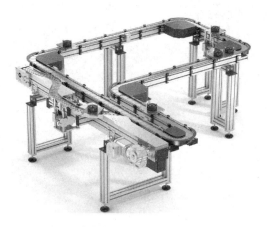

图 6-17　智能制造领域的胶带式输送系统

任务二　输送带的操作与联调应用

职业能力

能按操作规程正确操作链板输送带，熟悉基本调整，会排除简单故障，确保输送带在连续运转过程中能够正确地将已加工工件输送到出料位置。

核心概念

- 输送带的运行速度：用来描述输送带输送零件的速度，一般以每秒移动多少米来衡量。
- 输送带操作规程：为保证输送带安全、稳定运转而制定的、操作时必须遵循的程序或步骤。

学习目标

1. 能简述输送带的工作过程。
2. 熟悉输送带操作规程，会操作输送带。
3. 会对输送带进行简单的调整。
4. 培养细致观察、谨慎操作和规范安全的工作习惯。

基础知识

一、输送带操作规程

（1）输送带应水平安装在稳固的基础上，运行中无振动。

（2）开机操作时，目视检查安全后直接打开输送带开关电源。

（3）输送带工作时不得超过出厂铭牌规定规格和载重。

（4）作业前，应检查并确认各传动部件连接牢固可靠，先空转2~3分钟，确认正常后方可开始作业。

（5）自动化作业时，非操作人员和辅助人员应在生产线外活动。

（6）当出现紧急情况的时候，立刻按下生产线急停开关，故障解除后，旋转急停开关复位。

（7）生产作业停止后，应对输送带进行清洁保养，保持现场整洁。

（8）作业后，应切断电源，锁好电闸箱，做好日常保养工作。

二、操作输送带时的注意事项

（1）禁止非专业人员操作输送带，非专业人员不能更改参数。

（2）禁止操作人员戴手套操作，以防止误操作。

（3）启动时，注意观察输送带上是否已经满料，如图6-18所示。

图6-18 输送带满料

三、输送带的工作过程

输送带一般是自动生产线最后一个生产流程的设备,通常为了保障生产线的正常运行,输送带为生产线中最先启动的设备,而在生产线停机时最后关闭。输送带的主电控制一般与生产线的机床主电一起,当机床上电后,输送带率先开始工作。当发生特殊情况时,可通过电气控制柜中的电源开关控制输送带的状态。输送带工作流程图如图6-19所示。

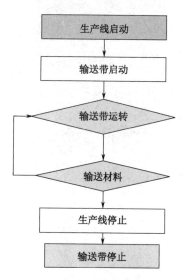

图6-19 输送带工作流程图

四、输送带的联调

输送带结构较为简单,正常工作中一般不需要调整。在长时间使用过程中,可能需要更换链板和调整链板松紧度。

1. 调整链板松紧度

如果链板使用时间过长，输送链因磨损出现过松现象，就有可能出现链轮跳齿现象。此时，可通过调整主动轴机构和从动轴机构之间的中心距，来控制链板的松紧度。如果中心距过长，也可通过减少 1～2 节链板进行调整。

2. 更换链板

更换链板时，要选用产品型号规格一致的链板。安装新链板时要注意纠偏，防止链板安装后跑偏。

活动设计

一、活动设备和工具准备

序号	名称	简图	规格	数量	备注
1	链板输送带		820-K600	6 台	设备
2	气缸成品件		HF302	若干	材料
3	秒表		普通型	6 个	仪表
4	卷尺		普通型	6 个	工具

二、活动组织

1. 分小组学习，以 5 人为一个小组。
2. 设置组长、记录员、操作员、校检员和安全员等。
3. 小组中的分工可在不同项目任务中进行互换，确保每个学生都有动手机会。

工作岗位	姓　名	岗位任务	备　注
组长		1. 统筹安排小组工作任务，协调调度各组员开展活动； 2. 制定实施计划，并贯彻落实到小组中的每位成员，落实岗位职责； 3. 督促做好现场管理，落实 6S 制度和安全生产制度	
记录员		1. 按工作任务要求，代表小组在《任务书》中记录活动过程的重要数据与关键点； 2. 管理与小组活动有关的文档资料	
操作员		1. 按工作任务要求，代表小组实施具体的设备操作； 2. 按工作任务要求，拆装相关的设备或部件	
校检员		1. 负责校检实施过程的可行性、安全性和正确性； 2. 督促小组成员按制定的计划实施活动，确保活动有效完成	
安全员		1. 熟悉设备操作安全规范，提出安全实施保障措施； 2. 督促小组成员在活动实施过程中落实安全保障措施，监督安全生产	

三、安全及注意事项

1. 防止生产线其他设备的误操作而伤人。
2. 按操作规程操作设备，以免损坏设备。
3. 注意现场的 6S 管理，在确保安全规范的前提下开展活动。

四、活动实施

序号	步骤	操作及说明	操作标准
1	启动输送带	1. 自动生产线主设备双联数控车铣复合加工机床上电。 2. 输送带自动运转，开始工作。 3. 打开输送带电气柜，按黑色按钮停止输送带传动。 4. 按红色按钮再次启动输送带	1. 按生产线上电程序操作。 2. 操作时注意安全规范，防止多人操作。 3. 按压控制按钮时防止触电

续表

序号	步骤	操作及说明	操作标准
1	启动输送带		1. 按生产线上电程序操作。 2. 操作时注意安全规范，防止多人操作。 3. 按压控制按钮时防止触电
2	测量输送带的长度	1. 测量输送带总长。 2. 观察输送带的松紧程度。 3. 观察主动轴机构，了解如何通过调节中心距来调整松紧度	1. 用卷尺测带长。 2. 观察测量完成后必须复原
3	记录输送时间	1. 记录成品零件落到带面的时刻。 2. 记录成品零件输送到带出口的时刻。 3. 计算运行速度	1. 用秒表记录时间。 2. 用卷尺测量运行距离

五、活动评价

序号	评价内容	评价标准	权重	小组得分
1	启动输送带	能正确按规程启动输送带	15	
		能独立停止输送带	10	
		能独立启动输送带	10	
		6S 管理达到要求	10	
2	测量输送带的长度	能正确测量输送带的长度	10	
		能正确观察输送带的松紧度	10	
		能正确观察主动轴机构，理解调整中心距的方法	10	

续表

序号	评价内容	评价标准	权重	小组得分
3	记录输送时间	运行速度计算正确	10	
		完成后恢复正常状态	5	
4	小组协作	小组分工合理，相互配合	10	
	合计			

记录活动过程中的亮点与不足：

知识拓展

日常点检是指每天对设备关键部位的声响、振动、温度、油压等运行状况通过感官进行检查，并将检查结果记录在《点检卡》中。日常点检作业活动是设备点检的基础作业，是防止设备老化、维护保养设备的重要方法。生产岗位操作工根据点检标准在开展点检作业活动前先编制好《日点检作业卡》，按照已定的点检作业卡的内容逐项进行点检检查。

序号	维护保养项目	判定	实施间隔	情况记录
1	观察输送带有无破损，发现破损及时上报	目视	每天	
2	观察输送带有无跑偏，及时调节校正确保无跑偏	目视	每天	
3	启动设备运行时，仔细听轴承运行有无异响	操作、耳听	每天	
4	观察轴承有无破损，确保内部有足够润滑油	目视	每天	
5	观察链条是否过松，过松需适度调整	目视	每天	
6	观察输送带表面是否有油渍，确保运行顺畅	目视	每天	
7	观察电气线路有无破损，发现破损及时找电工处理	目视	每天	
8	按压电气柜电气开关是否正常，发现异常及时找电工处理	目视	每天	
9	观察轴承润滑是否正常，发现异常及时处理	目视	每周	

思政素材

从世界输送带产业大势，看中国发展成就

输送带在世界工业史上具有悠久的历史。早在1795年，美国就正式提出输送带的概念。

1858年美国人申请了输送带专利。1933年英国最早对输送带进行了标准化。

经过这么多年的发展，目前世界输送带产业格局发生了重大变化。2018年，整个输送带市场规模约为20亿平方米，主要集中在欧洲、日本、中国等地，用于煤炭、钢铁、港口、水泥、电力等行业。目前，中国已成为胶带国际产业转移的主要承接国。如图6-20所示为中国制造的整芯阻燃输送带结构。

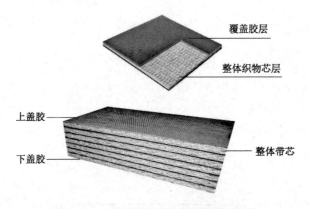

图6-20 中国制造的整芯阻燃输送带结构

拓展作业

如图6-21所示输送带长为2000mm，宽为350mm，输送产品零件为气缸件，气缸件的尺寸为40mm×40mm，请计算出带面上可以存放的最大数量？

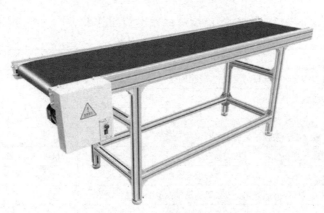

图6-21 皮带输送带

项目七 气缸件自动生产线加工

任务一 气缸加工工艺与编程

职业能力

能正确制定气缸的生产加工工艺,选择合适的夹具、刀具、切削参数,并填写工艺卡。

核心概念

(1)分析图纸:根据数控机床所能达到的精度指标,确定加工部位。特别应了解加工部位精度和其他尺寸精度的关系,了解加工部位在装配中的作用,确保加工精度指标的实现。突出数控加工经济效益,满足加工节拍要求,在此基础上制作工艺简图。

要求:明确加工部位、定位基准、工件零点、坐标位置、加工顺序、加工部位尺寸精度和位置精度。

(2)确定装夹方式:尽可能地选择气动和液压夹具,突出数控机床可以实现多工位、多加工部位的特点,充分利用数控机床的有效空间,尽可能多装夹工件。

绘制夹具简图的要求:图中应注明定位方式和夹紧形式,多工位夹具中应注明每个夹具的分布情况,以及工件在夹具上的位置、夹具零点、工件零点、对刀基准、工件零点设定程序、工件零点验证程序等。

(3)选择刀具:添加刀具,在此基础上确定刀具切削参数及必要的说明。

FC25VP 是日本灰铸铁牌号,对应中国的 HT250。

灰铸铁是指具有片状石墨的铸铁,因断裂时断口呈暗灰色,故称为灰铸铁,其主要成分是铁、碳、硅、锰、硫、磷,其产量占铸铁总产量的 80% 以上。

根据石墨的形态，灰铸铁可分为普通灰铸铁（石墨呈片状）、球墨铸铁（石墨呈球状）、可锻铸铁（石墨呈团絮状）、蠕墨铸铁（石墨呈蠕虫状）。

灰铸铁碳含量较高（为 2.7%~4.0%），可看成是碳钢的基体加片状石墨。按基体组织的不同，可将灰铸铁分为三类：铁素体基体灰铸铁、珠光体-铁素体基体灰铸铁和珠光体基体灰铸铁。

学习目标

1. 能分析气缸零件的加工工艺路线，能根据企业生产标准选择合适的刀具、夹具和切削参数。
2. 能编写气缸零件的工艺卡。
3. 能编写气缸零件的程序。
4. 培养分工协作的工作态度和探索进取的工匠精神。

基础知识

1. 工艺相关概念

（1）工艺。工艺是指将原材料或半成品加工成产品的过程、方法和技术等。

（2）工序。工序是指在一台机床上连续完成的某一部分加工内容。

（3）工步。工步是指在加工表面、切削工具、转速和进给量都不变的情况下，所连续完成的某一部分工序。

零件的工艺过程既受到零件技术要求的约束，又受到批量、设备条件、工艺水平等因素的制约，工艺过程也是在不断提高和改进的。

2. 车铣复合两联机常用指令

（1）M 功能指令

M 功能指令如表 7-1 所示。

表 7-1　M 功能指令

代码	功能	代码	功能
M03	主轴正转	M15	切换速度控制
M04	主轴反转	M17	主轴抱闸夹紧
Sn	n 为转速	M18	主轴抱闸松开
M05	主轴停止	M63 S=xxxx	左边主轴正转
M08	冷却开	M64 S=xxxx	左边主轴反转
M09	冷却关	M65	左边主轴停止

续表

代码	功能	代码	功能
M10	关门	M73 S=xxxx	右边主轴正转
M11	开门	M74 S=xxxx	右边主轴反转
M12	卡盘夹紧	M75	右边主轴停止
M13	卡盘松开	M36	力矩控制方式
M14	切换位置控制	M37	取消力矩控制
M26	等待上一台 CNC 的卡盘松开信号	M46	扭矩控制结束信号，等待下一台 CNC 的卡盘夹紧信号
M45	等待下一台 CNC 的 M47 信号	M47	等待力矩控制结束信号，发送一条信号告诉上一台 CNC 已准备就绪

（2）G 功能指令

G 功能指令如表 7-2 所示。

表 7-2 G 功能指令

代码	功能	代码	功能
G00	快速移动	G41	刀尖半径左补偿
G01	直线插补	G42	刀尖半径右补偿
G02	顺时针圆弧插补	G50	工件坐标系设定
G03	逆时针圆弧插补	G52	局部坐标系设定
G04	暂停、准停	G53	机床坐标系设定
G7.1	圆柱插补	G54	选择工件坐标系 1
G12.1	极坐标插补	G55	选择工件坐标系 2
G13.1	取消极坐标插补	G56	选择工件坐标系 3
G17	XpXp 平面选择	G57	选择工件坐标系 4
G18	ZpXp 平面选择	G58	选择工件坐标系 5
G19	YpZp 平面选择	G59	选择工件坐标系 6
G20	英制输入	G61	准确停止方式
G21	公制输入	G64	切削方式
G22	存储行程检查	G65	宏程序非模态调用
G23	取消存储行程检查	G66	宏程序模态调用
G28	回参考点	G67	取消宏程序模态调用
G30	回第 2、3、4 参考点	G70	精加工循环
G31	跳跃机能	G71	轴向粗车循环
G32	等螺距螺纹切削	G72	径向粗车循环
G34	变螺距螺纹切削	G73	封闭切削循环
G36	自动刀具补偿测量 X	G74	轴向切槽循环
G37	自动刀具补偿测量 Z	G75	径向切槽循环
G40	取消刀尖半径补偿	G76	多重螺纹切削循环

续表

代码	功能	代码	功能
G80	取消孔加工循环	G90	轴向切削循环
G83	端面钻孔循环	G92	螺纹切削循环
G84	正面攻丝循环	G94	径向切削循环
G85	端面镗孔循环	G96	恒线速控制
G87	侧面钻孔循环	G97	取消恒线速控制
G88	侧面攻丝循环	G98	每分进给
G89	侧面镗孔循环	G99	每转进给

活动设计

一、活动设备和工具准备

序号	名称	简图	规格	数量	备注
1	工艺卡片		卡纸	6张	资料
2	车铣复合两联机		HF302	6台	设备

二、活动组织

1. 分小组，以5人为一个小组。
2. 设置组长、记录员、操作员和校验员，对零件与构件进行区分记录。
3. 可将小组中的分工进行互换，确保每个学生都有动手机会。

工作岗位	姓 名	岗位任务	备 注
组长		1. 统筹安排小组工作任务，协调调度各组员开展活动。 2. 制定实施计划，并贯彻落实到小组中的每位成员，落实岗位职责。 3. 督促做好现场管理，落实6S制度和安全生产制度	
记录员		1. 按工作任务要求，代表小组在《任务书》中记录活动过程中的重要数据与关键点。 2. 管理与小组活动有关的文档资料	

续表

工作岗位	姓　名	岗位任务	备　注
操作员		1. 按工作任务要求，代表小组实施具体的设备操作。 2. 按任务要求拆装相关的设备或部件	
校验员		1. 负责校验实施过程的可行性、安全性和正确性。 2. 督促小组成员按制定的计划实施活动，确保活动有效完成	

三、安全及注意事项

1. 防止生产线其他设备的误操作而伤人。
2. 严格按操作规程操作设备，以免损坏设备。
3. 注意现场的 6S 管理，在确保安全规范的前提下开展活动。

四、活动实施

序号	步骤	操作及说明	要求
1	分析图样	本项目要求根据毛坯通过智能制造设计生产加工气缸零件的相关尺寸。 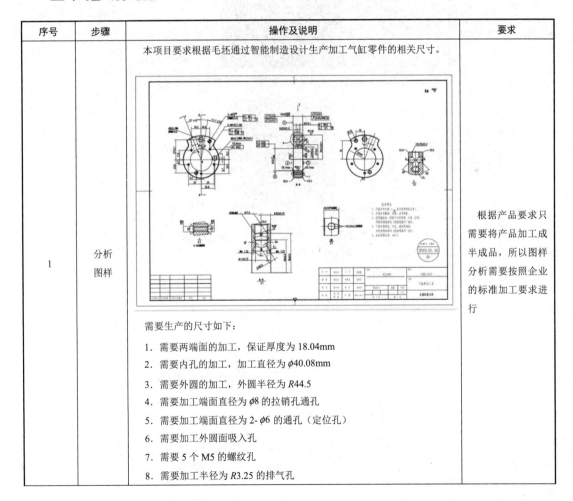 需要生产的尺寸如下： 1. 需要两端面的加工，保证厚度为 18.04mm 2. 需要内孔的加工，加工直径为 ϕ40.08mm 3. 需要外圆的加工，外圆半径为 R44.5 4. 需要加工端面直径为 ϕ8 的拉销孔通孔 5. 需要加工端面直径为 2-ϕ6 的通孔（定位孔） 6. 需要加工外圆面吸入孔 7. 需要 5 个 M5 的螺纹孔 8. 需要加工半径为 R3.25 的排气孔	根据产品要求只需要将产品加工成半成品，所以图样分析需要按照企业的标准加工要求进行

续表

序号	步骤	操作及说明	要求
2	刀具的选择	由于毛坯不是常规的回转体零件，所以根据加工要求设定特殊的装夹方式。普通液压卡盘如下图所示。 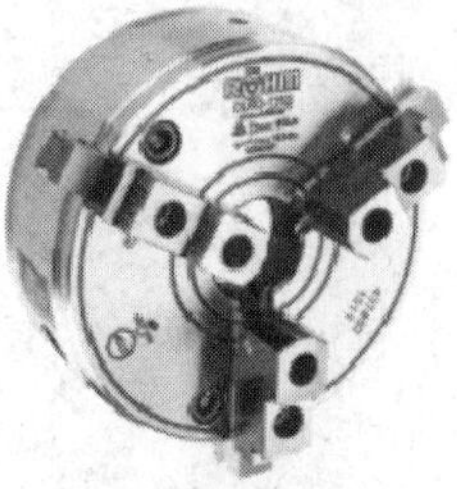 根据毛坯形状，添加了定位杆，如下图所示。  确保毛坯装夹定位，装夹效果如下图所示。 	考虑到企业的生产需求，夹具采用液压的三爪卡盘进行自定心设计，必要时可将卡爪进行定位加工
3	刀具的选择	考虑到气缸零件批量加工生产的需要，企业一般会选择定制的专用刀具来实现工艺优化，提高产品的生产效率，在工艺设置上，采用通用的刀具规格和专用的刀具进行工艺安排。 常用刀具 | 名称	规格	示意图
---	---	---
外圆车刀	MWLNR2525M08N	
内孔车刀	S32S-DWLNL-08			刀具规格要根据企业的定制刀具进行选择

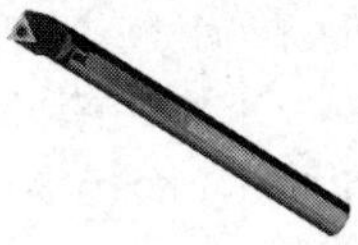

续表

序号	步骤	操作及说明			要求
3	刀具的选择	专用刀具			刀具规格要根据企业的定制刀具进行选择
		名称	规格	示意图	
		锥度阶梯钻	D11.01×D11.65×D16×110		
		锥度铰刀	D11.2×6×D14×105		
		排气孔及倒角刀	D6.5×D12×65L		
		台阶钻	D8.0×22×80×D10		
		台阶钻铰刀	D5.8×D6.01×D6×80		
		利用专用刀具可以实现快速加工，一次成型加工达到所要求的尺寸，如台阶钻，可以实现台阶孔的加工。这类型的刀具一般为定制刀具，根据产品的生产需求而制定，适用于大批量的零件生产			
4	工艺路线的制定	本项目采用车铣复合两联机进行加工。车铣复合两联机的特点是实现车铣功能的同时，还可以实现自动掉头装夹功能，从而大大提升生产效率和保障零件形位公差要求。 车铣复合两联机包含两个通道，即第一通道和第二通道，如何有效利用两个通道加工尤为重要，所以在生产要求上需要做好工艺的优化，以及做好通道之间的时间配合。 根据零件的图纸要求，应正反面加工，将反面的生产工艺放在第一通道加工，将正面和侧面 ϕ 11.2 的孔放到第二通道加工较为合理。			工艺路线的制定必须按照车铣复合两联机的生产任务进行

续表

序号	步骤	操作及说明	要求
4	工艺路线的制定	工艺路线制定如下： 第一通道工艺（反面加工） 1. 用外圆车刀先粗加工端面 2. 用内孔刀粗精加工 $\phi40.08$ 的内孔 3. 精车端面，修正毛刺 4. 用 D8.0 带倒角的台阶钻一次成形加工 $\phi8.0$ 的孔 5. 继续用 D8.0 带倒角的台阶钻把 5 个孔的倒角先做出来（减少装夹，后面加工 5 孔用） 6. 用 D6.02 的钻头加工 2-$\phi6$ 的端面通孔 第二通道工艺（正面加工） 完成一通道加工后，工件掉头装夹并选择 $\phi40.08$ 内撑夹头进行夹持 1. 用外圆车刀粗精加工 $R44.5$ 外圆并倒角 2. 端面粗精加工，控制零件厚度为 18.04mm 3. 用 D11.01 的台阶钻粗钻侧面的孔 4. 用 D11.2 的铰刀精加工侧面的孔 5. 用 D8.0 的台阶钻加工反面 $\phi8$ 孔的倒角 6. 用 D8.0 的台阶钻加工反面 2-$\phi6$ 孔的倒角 7. 用 D6.5×D12×65L 排气孔及倒角刀加工端面的排气孔 8. 继续用排气孔及倒角刀加工反面的倒角	工艺路线的制定必须按照车铣复合两联机的生产任务进行
5	制定工艺卡	第一通道工艺卡 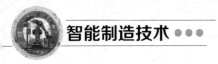 第二通道工艺卡	按企业标准制定生产加工工艺卡

续表

序号	步骤	操作及说明	要求
6	编制程序	编程格式如下： CNC#1 G1　X20 Z30 Z50 …………加工程序 G01　X100.7……X 轴首先移动到交互的位置 M45…………等待第二通道的 CNC 的 M47 信号 M36…………切换力矩控制方式 G35　Z-2　S100…指定力矩大小和转速值 M46…………力矩控制完成之后发送力矩控制完成信号给下一通道的 CNC 的 M47，并等待下一通道的 CNC 的卡盘夹紧信号 M13…………卡盘松开，并发送给第二通道的 CNC 松开到位信号 M37…………取消力矩控制 G01　Z0………Z 轴回退 CNC#2 M47…………发送一个信号给第一通道的 CNC，并等待第一通道的 CNC 的 M46 信号 M12…………第二通道的 CNC 的卡盘夹紧，并发送给上一通道的 CNC M26…………等待第一通道的 CNC 的卡盘松开信号 G01　Z0 …………加工程序 G01　X100.7 G01　Z0………Z 轴回退 …………回交互位置等待 M99 程序编写如下： 第一通道程序 <table><tr><td>O1021(O1021)</td><td rowspan="9">机床上料程序</td></tr><tr><td>T0111 G98 M13</td></tr><tr><td>M11</td></tr><tr><td>G90</td></tr><tr><td>G0　Z125</td></tr><tr><td>X0</td></tr><tr><td>M18</td></tr><tr><td>M15</td></tr><tr><td>M14</td></tr><tr><td>G50　C0</td><td></td></tr><tr><td>G0　C300</td><td></td></tr></table>	检查车铣复合两联机的程序是否符合要求，特别是编程的格式 编写程序时要注意刀具的安放位置，以及坐标是否合理

续表

序号	步骤	操作及说明		要求
6	编制程序	G0 Z0	机床上料程序	检查车铣复合两联机的程序是否符合要求，特别是编程的格式 编写程序时要注意刀具的安放位置，以及坐标是否合理
		M57		
		M00		
		M58		
		G0 Z125		
		M18	粗车端面程序	
		M15		
		T0101 G98 G0 Z90		
		G0 X-93.0		
		M10		
		M4 S1800		
		Z3.0		
		G01 Z-1.8 F150		
		X-87.0 Z0.5		
		G1 X-30.0 F280		
		G0 Z15		
		T0103 G0 X-40.65 G98 M4 S1250	内孔加工程序	
		G0 Z3		
		G01 Z-23 F230		
		X-40.8		
		G01 Z3		
		G0 Z50		
		T0101 M4 S1800	精车端面程序	
		G0 X-30.0		
		Z2.0		
		G1 Z0.0 F350		
		X-93.0 F450		
		G0 Z70.0		
		M5		
		M63 S2000	端面直径为 ϕ8 的拉销孔加工程序	
		M18		
		M15		
		M14		
		G50 C0		
		G0 C267.3		
		T0104 G0 X-74		
		H0.2		

续表

序号	步骤	操作及说明		要求
6	编制程序	G0 Z15	端面直径为 $\phi 8$ 的拉销孔加工程序	检查车铣复合两联机的程序是否符合要求,特别是编程的格式 编写程序时要注意刀具的安放位置,以及坐标是否合理
		Z3.0 M17		
		G01 Z-5.0 F150		
		G01 Z-20. F250		
		G01 Z-24.8 F150		
		G0 Z3.0		
		M18	5 孔倒角程序	
		H-0.2		
		X-50.92 H-40.7		
		G01 Z-1.5 F800		
		G0 Z2.		
		X-51.06 H-69.23		
		G01 Z-1.5 F800		
		G0 Z2		
		X-51.0 H-70.07		
		G01 Z-1.5 F800		
		G0 Z2		
		X-51.06 H-70.07		
		G01 Z-1.5 F800		
		G0 Z2		
		X-51.06 H-64.13		
		G01 Z-1.5 F800		
		G0 Z2.0		
		X-75.16 H-70.99		
		G01 Z-1.8 F800		
		G0 Z3.		
		X-51.04 H-175.93		
		G01 Z-1.8 F800		
		G0 Z30.		
		T0105	端面 2-$\phi 6$ 孔加工程序	
		X-51.04		
		G0 Z3.		
		G01 Z-5.0 F120		
		G01 Z-23.0 F230		
		Z-26.0 F150		
		G0 Z3.		
		X-75.16 H176.23		

续表

序号	步骤	操作及说明		要求
6	编制程序	G01 Z-5.0 F120	端面 2-ϕ6 孔加工程序	检查车铣复合两联机的程序是否符合要求,特别是编程的格式 编写程序时要注意刀具的安放位置,以及坐标是否合理
		G01 Z-23.0 F230		
		Z-26.0 F150		
		G0 Z50		
		M65		
		T0107	转下一通道调头装夹程序	
		G0 Z110		
		X0. M17		
		Z0.0		
		M45		
		M36		
		M39		
		G35 Z-2.5 S250		
		G35 Z-1.5 S120		
		M46		
		M37		
		M13		
		M37		
		G4 X0.4		
		G0 Z110.0		
		M99		
		第二通道程序		
		M18	掉头装夹程序	
		M15		
		T0107 G0 Z192.0		
		X0. M14		
		M10		
		G0 G50 C0		
		G0 C92.5		
		M17		
		Z0.		
		M13		
		M47		
		M12		
		G04 X0.8		
		M26		
		G0 Z192.0 M18		

续表

序号	步骤	操作及说明		要求
6	编制程序	M15	掉头装夹程序	检查车铣复合两联机的程序是否符合要求，特别是编程的格式 编写程序时要注意刀具的安放位置，以及坐标是否合理
		M18		
		T0103 G0 Z117	外圆端面粗精加工程序	
		G0 X89.0 G98 M03 S1200		
		G0 Z2.0		
		G01 Z-20.0 F210		
		G0 U0.3		
		Z-5.0		
		G02 X85.0 Z0.5 R5.5 F350		
		G1 X37 F350		
		Z0.		
		G1 X90. F400		
		G0 Z117 M5		
		M63 S2000	侧面外圆上铰吸入孔 $\phi11.2$ 钻孔加工程序	
		M15		
		M14		
		G0 G50 C0		
		G0 C92.5		
		T0101 G98		
		H-47.0		
		G0 X8.0 M17		
		G0 Z0.		
		G01 X-15.0 F230		
		X-60.0 F250		
		X-65.0 F230		
		X-65.5 F200		
		G0 X8		
		T0102 M63 S1200	侧面外圆上铰吸入孔 $\phi11.2$ 加工程序	
		G0 X15.0		
		Z0.		
		G1 X-12.0 F300		
		X-22.0 F280		
		X-26.0 F250		
		X-28.0 F230		
		X5.0 F1200		
		X-27.7		
		X-28.15 F30		
		X-28.3 F10		
		S380		

续表

序号	步骤	操作及说明		要求
6	编制程序	G04 X2.0	侧面外圆上铰吸入孔 ϕ11.2 加工程序	检查车铣复合两联机的程序是否符合要求，特别是编程的格式 编写程序时要注意刀具的安放位置，以及坐标是否合理
		G0 X15.0		
		G0 Z174		
		M18		
		M15		
		M14		
		G0 G50 C0	ϕ8.0 孔反面倒角和 2-ϕ6 通孔倒角程序	
		G0 C92.5		
		H-46.4		
		M65		
		T0104 M73 S2000		
		G0 X51.94 H105.37		
		H-0.5		
		G0 Z3.0		
		G01 Z-8.5 F280		
		G0 Z3.0		
		H0.5		
		X51.04 H117.06		
		G0 Z3.0		
		G01 Z-2.5 F600		
		G0 Z3.0		
		G0 X75.16 H184.06		
		G0 Z3.0		
		G01 Z-2.5 F600		
		G0 Z20.0		
		T0105 M73 S2100	反面排气孔加工程序	
		X43.5 H-14.1		
		G0 Z15		
		G1 Z0.0 F350		
		G01 X34.5 Z-7.5 F230		
		G0 Z3.0		
		X74 H-11.1		
		G01 Z-14.0 F600		
		Z-15.2 F350		
		G0 Z3.0		
		X51.06 H-45.79	5 孔倒角加工程序	
		G01 Z-2.5 F600		
		G0 Z3.0		
		X51.06 H-64.13		

续表

序号	步骤	操作及说明		要求
6	编制程序	G01 Z-2.5 F600	5孔倒角加工程序	检查车铣复合两联机的程序是否符合要求,特别是编程的格式 编写程序时要注意刀具的安放位置,以及坐标是否合理
		G0 Z3.0		
		X51.0 H-70.07		
		G01 Z-2.50 F600		
		G0 Z3.0		
		X51.06 H-70.07		
		G01 Z-2.5 F600		
		G0 Z3.0		
		X50.92 H-69.23		
		G01 Z-2.5 F600		
		G0 Z30.0		
		M11	下料程序	
		M75		
		T0108 G98		
		G0 Z50		
		X0		
		G0 Z10		
		G01 Z0 F500		
		M13		
		M51		
		G4 X0.5		
		G0 Z70.0		
		M99		

五、活动评价

序号	评价内容	评价标准	权重	小组得分
1	气缸零件图样的分析	能正确辨识图样的要求	25	
		能根据企业的要求进行分析	10	
2	气缸零件的工艺分析	能正确选择合适的刀具	10	
		能正确选择合适的夹具	10	
		场地复原符合规范	5	
3	气缸零件的工艺卡填写	能根据要求选择合适的加工参数	10	
		能按企业要求填写《工艺卡》	5	
4	气缸零件的程序编制	能正确根据车铣复合两联机设备编程格式编写程序	10	
		能正确编制气缸的加工程序	5	
5	小组协作	小组分工合理,相互配合	10	
	合计			

记录活动过程中的亮点与不足:

知识拓展

传统数控设备一般在企业采用单机单工步的形式，也就是说，一台设备只负责一个生产步骤，然后形成流水线生产。目前，传统企业仍然采取这个模式，这使得企业的设备需求和用人成本都会提高。

思政素材

国内首款基于云架构并拥有完全自主知识产权的新一代三维CAD（计算机辅助设计）系统——CrownCAD在山东济南发布。中国工程院院士、著名机械制造及自动化专家李培根认为，CrownCAD有望打破国外软件的垄断，实现国产自主工业软件的换道超车。

三维CAD系统是支撑制造业发展的核心技术之一。大到满街奔跑的汽车，小到人手一部的手机，离开三维CAD软件都无法设计和制造，此前，国内三维CAD市场长期被国外软件垄断。随着互联网、云计算的深度发展，国外软件已不能满足中国制造业的快速发展。

在此背景下，十年前，"国家人才工程"入选者、著名CAD技术专家、山东山大华天软件有限公司首席技术官梅敬成带领团队投身国产自主三维CAD软件研发蓝海。十年间，他们突破了多项行业技术难题，掌握了三维CAD最核心的两个底层技术——三维几何建模引擎（DGM）和几何约束求解器（DCS）。

CrownCAD的诞生，得益于国家支持，离不开梅敬成团队的努力，也有产学研的功劳。比如，在研发期间，中国工程院院士周济团队也参与合作攻关了某些关键技术。

"CrownCAD就是在线建模CAD软件，即打开浏览器就可以进行建模的软件。"梅敬成向《科技日报》记者强调，CrownCAD既可以部署在公有云，也可以部署在私有云，尤其是可以在国产芯片和国产操作系统上运行，因此非常适合对自主可控需求高的领域，同时还具备云存储、云计算、多终端、多人协同设计等优势。

该系统在发布之前经历了两轮全国公测，受到普遍认可。中国航空发动机研究院仿真技术研究中心高级工程师周帅表示："这款完全自主可控的三维几何建模引擎，提供了与国际主流几何建模引擎功能兼容的API，满足数据转换、高质量曲线/曲面建模、参数化实体建模，以及几何模型缺陷检测与修复等模块的功能需求，实现了数值仿真中几何预处理底层全部代码源码化，可支撑航空发动机前处理系统。"

拓展作业

企业生产的气缸零件有多种型号规格，请根据图 7-1 制定相应气缸型号的工艺，并进行程序的编写。

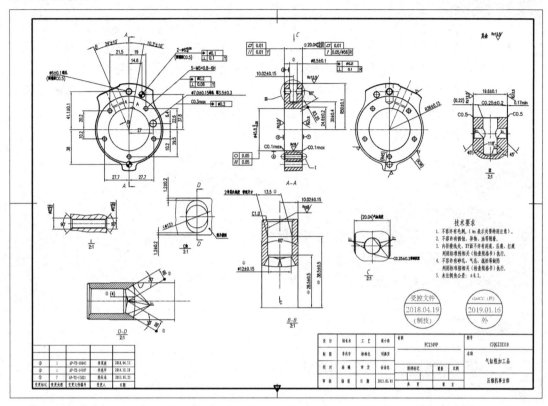

图 7-1 气缸 SN-2 零件图纸

任务二 气缸件生产调试

气缸件生产调试是指根据气缸的生产型号，通过智能制造生产线，进行零件的自动化生产加工调试。气缸件的生产调试分为三大部分，分别为料仓调试、工业机器人取料调试和上料调试、数控车铣复合两联机生产调试。如何有效地通过各环节实现协调气缸件的生产是本节课的重点内容，如图 7-2 所示。

图 7-2 智能制造生产线

智能制造技术

职业能力

能正确利用自动料仓、工业机器人、数控车铣复合两联机对气缸件进行生产调试。

核心概念

- 工业机器人与料仓的联调：配合工业机器人和料仓，使工业机器人从料仓上自动取料，之后料仓自动将毛坯送到指定的取料点，等待机器人取料。
- 工业机器人与数控车铣复合两联机的联调：工业机器人取料后，将毛坯送到数控车铣复合两联机上，工业机器人与数控车铣复合两联机之间实现了毛坯的上料装夹，保证了毛坯上料定位准确。

学习目标

1. 能理解智能制造生产线的操作流程及作用。
2. 能对料仓、工业机器人、数控车铣复合两联机进行联调。
3. 能实现智能制造生产线的自动化生产。
4. 培养学生严谨、细致的工匠精神。

基础知识

一、智能制造生产线的组成

一条标准化的智能制造生产线主要由料仓、桁架机械手、数控机床、输送带、中转机构、护栏等组成，通过总线控制方式，将各个部件之间进行智能化连接，如图7-3所示。

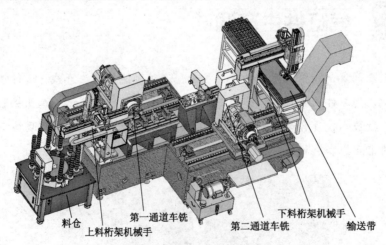

图7-3 智能制造生产线的组成

1. 上料桁架机械手

上料桁架机械手采用桁架结构,横梁、竖梁采用方管焊接结构,机械手直线导轨采用齿轮齿条驱动方式,结构稳定可靠,刚性好,适用于高速运行。

上料桁架机械手抓手系统由90°转角机构和气动三爪、弹性机构整合而成,结构简单,可靠性高,动作灵活,可根据工件调整大小,适用范围广。其采用三指平行手爪外卡工件,满足抓取零件和在机床内部换料的要求。在抓手的软爪上有三个弹性销,保证了工件的定位面能可靠地与工装贴合,如图7-4所示。

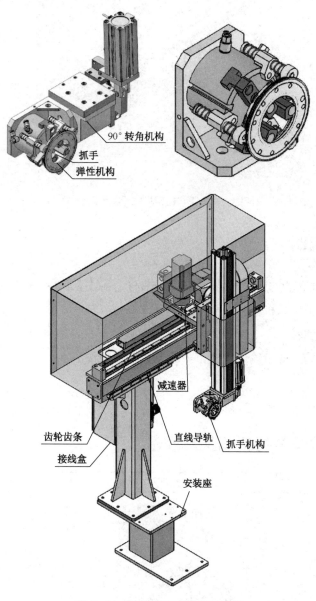

图7-4 上料桁架机械手抓手系统

2. 下料桁架机械手

下料桁架机械手采用导轨和气缸组合成气动滑台，其抓手装在 90°转角机构，结构简单，稳定可靠。RX 系列机械手应用在数控机床上时，只需配合气动手爪，就可以实现对工件的上、下料操作，如图 7-5 所示。

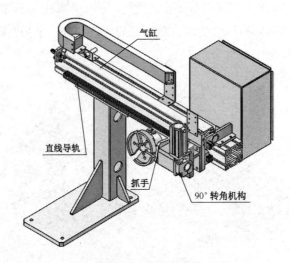

图 7-5　下料桁架机械手抓手系统

二、动作说明

（1）数控机床的卡盘与下料桁架机械手系统对接，气缸手爪先夹紧工件，随后卡盘松开。

（2）无杆气缸把手爪机构移动至输送带上方。

（3）转角机构翻转 90°，手爪松开，工件下落，开关检测到有工件。

（4）输送带启动，并由输送带送至末端完成下料动作。

活动设计

一、活动设备、材料和工具准备

序号	名称	简图	规格	数量	备注
1	数控圆盘式自动料仓		PR02	6 台	设备

续表

序号	名称	简图	规格	数量	备注
2	数控车铣复合两联机		HF302	6台	设备
3	工业机器人		M-10IA/12	6台	设备
4	输送带	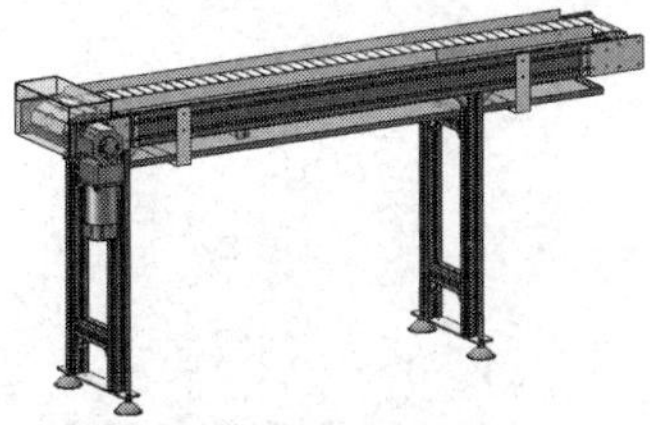		6台	设备
5	气缸件毛坯		QN-2	若干	材料
6	刀具	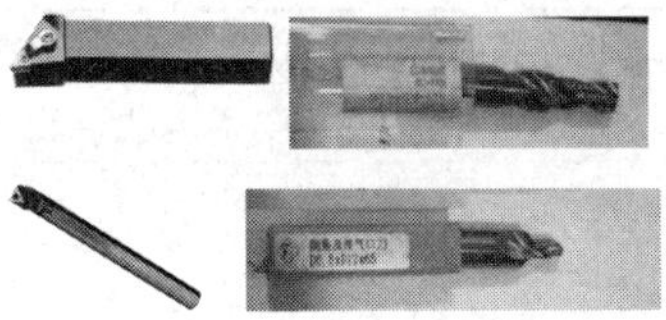	各规格	6套	耗材

续表

序号	名称	简图	规格	数量	备注
7	刀柄扳手		各规格	6套	工具
8	内六角扳手套装		8件套装	6套	工具

二、活动组织

1. 分小组，以5人为一个小组。
2. 设置组长、记录员、操作员和校验员，对气缸生产线调试进行记录。
3. 对小组中的分工进行互换，确保每个学生都有机会动手。

工作岗位	姓 名	岗位任务	备注
组长		1. 统筹安排小组工作任务，协调调度各组员开展活动。 2. 制定实施计划，并贯彻落实到小组中的每位成员，落实岗位职责。 3. 督促做好现场管理，落实6S制度和安全生产制度	
记录员		1. 按工作任务要求，代表小组在《任务书》中记录活动过程中的重要数据与关键点。 2. 管理与小组活动有关的文档资料	
操作员		1. 按工作任务要求，代表小组实施具体的设备操作。 2. 按工作任务要求调试相关的设备或部件	
校验员		1. 负责校验实施过程的可行性、安全性和正确性。 2. 督促小组成员按所制订的计划实施活动，确保活动有效完成	

三、安全及注意事项

1. 防止生产线上其他设备的误操作而伤人。
2. 按操作规程操作设备，以免损坏设备。
3. 注意现场 6S 管理，在确保安全规范的前提下开展活动。

四、活动实施

序号	步骤	操作及说明	安全要求
1	料仓调整	1. 料仓定位杆的设定。根据气缸的型号设定一个固定位置，方便机器人取料。通过六角扳手调整料仓各个定位杆为统一位置。 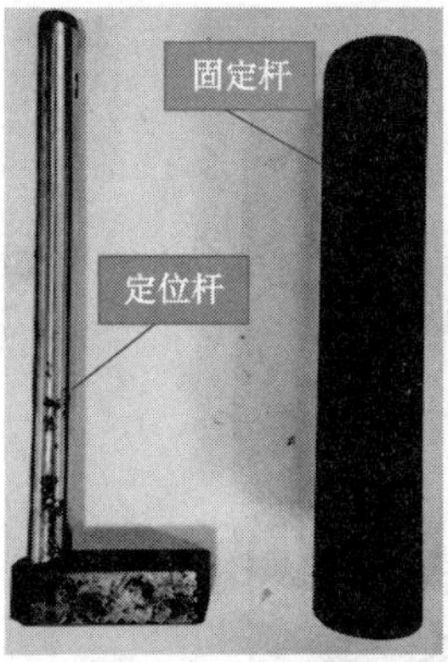  下图为调整完成后的示意图。 	确保安全，除操作员外，其他人不得跨越现场防护栏，不得随意触摸设备物件，防止毛刺伤手。 安装过程中定位杆要统一对齐，安装要牢固可靠

续表

序号	步骤	操作及说明	安全要求
1	料仓调整	2. 将气缸毛坯整齐放到料仓的定位位置，注意，毛坯反面（没有文字的一面）向上。   3. 启动料仓控制开关，然后调试为手动模式，长按"毛坯上升"按钮，让毛坯到达红外线信号检测点待机器人取料 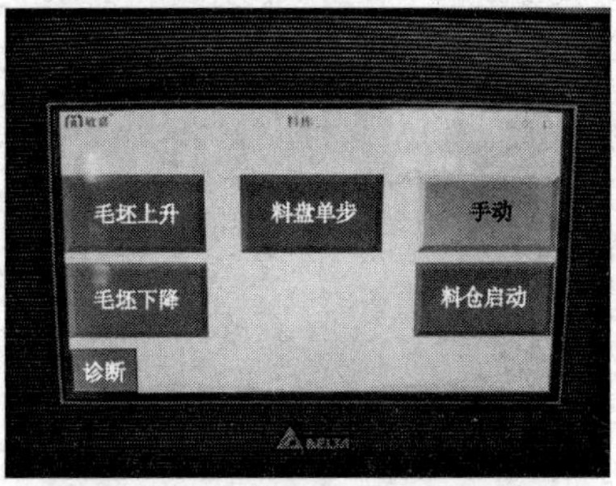 	戴好手套，安放毛坯时要注意正、反面。 启动料仓时，检查托盘是否上升，再进行旋转换料操作
2	机器人取料调试	1. 启动机器人，给机器人设定一个初始位置并确保机器人取料夹爪处于松开状态（调用 QPS 松开夹爪程序）。设定料仓上料信号等（DI[84]=ON）。如下图所示。	启动机器人前，先检查机器人的夹爪是否正常工作，机器人周围是否有异物阻挡其运动路线

续表

序号	步骤	操作及说明	安全要求
2	机器人取料调试	 2. 移动机器人到达取料点附近位置，并记录程序，如下图所示。 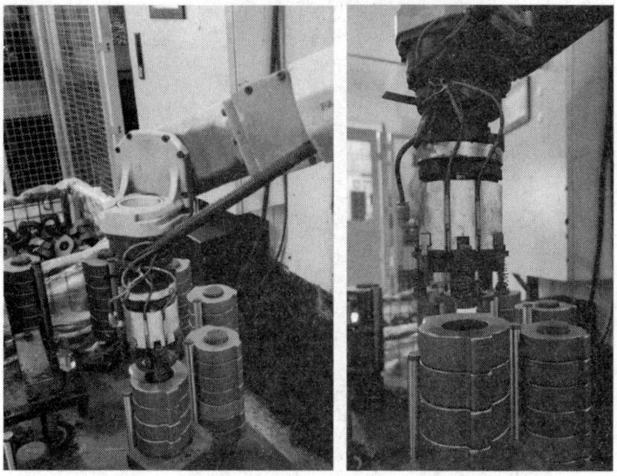 3. 调整机器人到达取料点，并调取机器人夹爪夹紧程序（QPJ），夹取气缸件毛坯，如下图所示。 	机器人到达取料点附近位置时，再次检查机器人夹爪是否松开（收缩状态） 机器人取料时，检查清楚机器人夹爪是否对准毛坯的中心位置，夹爪压紧弹簧，是否压到位

续表

序号	步骤	操作及说明	安全要求
2	机器人取料调试	4. 调整机器人垂直向上，到达取料点附近，并记录当前位置，如下图所示。 5. 调整机器人的位置与姿态，到达数控车铣复合两联机卡盘上料位置附近设定等待机床上料信号，并记录当前位置，如下图所示	取料时，检查是否垂直向上移动，如果没有垂直，则会影响下一工件的位置 调整机器人姿态时要合理，由原来的垂直状态变为水平状态时，不能碰到周边的防护装置

续表

序号	步骤	操作及说明	安全要求
3	数控车铣复合两联机上料调试	1. 先启动数控车铣复合两联机，再启动液压开关，打开机床门，将主轴卡盘移动到上料位置，设置当前刀位点为T0111，作为坐标参考上料位置，如下图所示。   （图：加润滑脂、T形螺母、软爪、爪座） 2. 松开数控车铣复合两联机卡盘，利用六角扳手调整机床卡盘的自定心位置，在卡盘上设定定位杆，以方便机器人准确上料，如下图所示  （图：定位杆）	操作过程中不能戴手套。 检查卡盘是否到达最大行程的上料位置。 检查液压卡盘自定心夹爪是否安装到位，卡盘定位杆是否牢固可靠

续表

序号	步骤	操作及说明	安全要求
4	数控车铣复合两联机与机器人上料联调	1. 将取好料的机器人移动到机床卡盘位置，如下图所示。  2. 执行机器人松开夹爪程序（QPS），利用夹爪的弹簧力将气缸件毛坯与机床卡盘内面贴紧，如下图所示。  （贴紧卡盘内面） 3. 启动机床夹紧程序，将毛坯夹紧。 4. 再次启动机器人夹紧毛坯程序并记录当前位置。 5. 松开机床卡盘。 6. 调整机器人，将毛坯旋转到卡盘上的定位杆，并记录当前位置，如下图所示 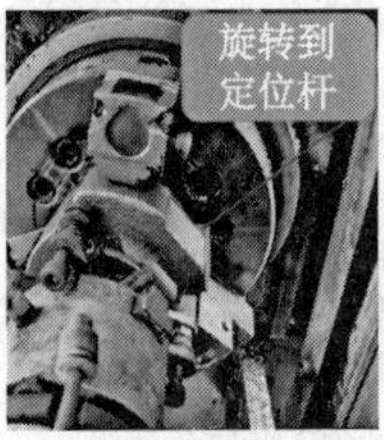  （旋转到定位杆） （毛坯定位）	

续表

序号	步骤	操作及说明	安全要求
4	数控车铣复合两联机与机器人上料联调	7. 利用数控车铣复合两联机卡盘再次夹紧气缸件毛坯，如下图所示。  8. 调整机器人夹爪，调用机器人松开夹爪程序（QPS），移动机器人拉开上料位置，并记录当前位置，如下图所示。  9. 机器人恢复初始状态并完成上料。 10. 数控车铣复合两联机上料完成	
5	数控车铣复合两联机的气缸件调试	1. 将对应的刀具安装到设备排刀架上，钻头安装到对应动力头的弹簧夹头上，并锁紧，如下图所示。  内孔刀　外圆刀	

续表

序号	步骤	操作及说明	安全要求
5	数控车铣复合两联机的气缸件调试	 2. 通过对刀操作确定各把刀具的坐标点（对刀操作和普通设备操作同理），如下图所示。 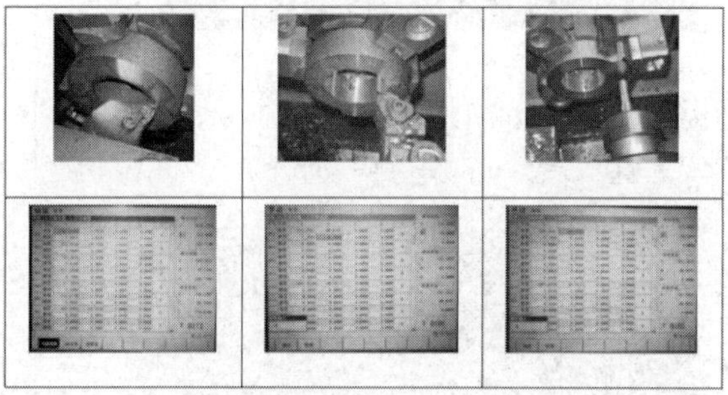 3. 执行第一面加工程序，完成气缸第一面部分的加工，检测内孔尺寸是否加工到位，如下图所示。 	

续表

序号	步骤	操作及说明	安全要求
5	数控车铣复合两联机的气缸件调试	4. 完成 $\phi6$、$\phi7$ 和 $\phi8$ 的孔加工，如下图所示。  5. 第一面加工完成后，将第一通道主轴移动到第二通道对接点，调整第一通道与第二通道的对称度，操作期间边观察边微调，确保气缸件已加工正面贴紧第二通道主轴内撑卡盘端面，如下图所示。  6. 调整第二通道主轴内撑卡盘，夹紧工件，第一通道主轴内撑卡盘松开，松开后 Z 方向离开对接位置，第一通道复位，回到上料位置，等待机器人上料，如下图所示。 	

续表

序号	步骤	操作及说明	安全要求
5	数控车铣复合两联机的气缸件调试	7. 调整数控车铣复合两联机的第二通道，按第一通道步骤完成刀具安装，并进行对刀操作，等待生产加工。  （1）第二个面的外圆加工和端面加工。   （2）外圆孔和锥度孔加工。  （3）第二个面的倒角与排气孔加工。 	

续表

序号	步骤	操作及说明	安全要求
5	数控车铣复合两联机的气缸件调试	8. 完成加工后的工件，由机床主轴移动到下料位置点。  9. 打开下料桁架机械手双电控二位五通电磁阀。 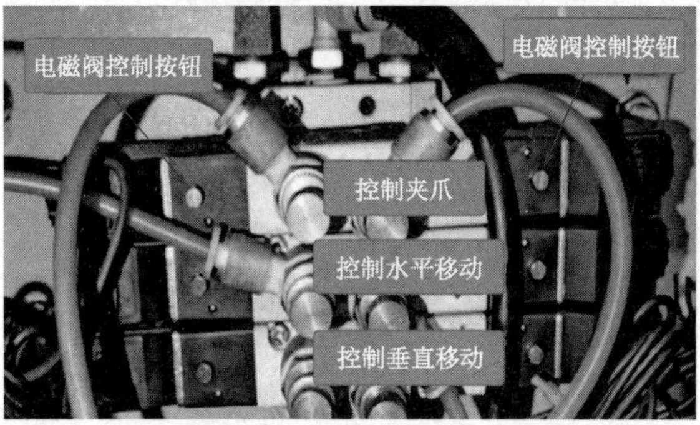 10. 按"控制水平移动"按钮，将下料桁架机械手移动到取料位置。  11. 下料桁架机械手撑开夹爪，夹住工件，机床主轴松开卡盘，并离开桁架机械手。	

续表

序号	步骤	操作及说明	安全要求
5	数控车铣复合两联机的气缸件调试	 12. 桁架机械手取料后，将工件放到输送带上方，并松开夹爪	
6	智能生产线试运行	1. 检查智能生产线各设备是否正常启动。 2. 启动料仓控制面板，如下图所示，按下控制面板的"手动"按钮切换成自动。 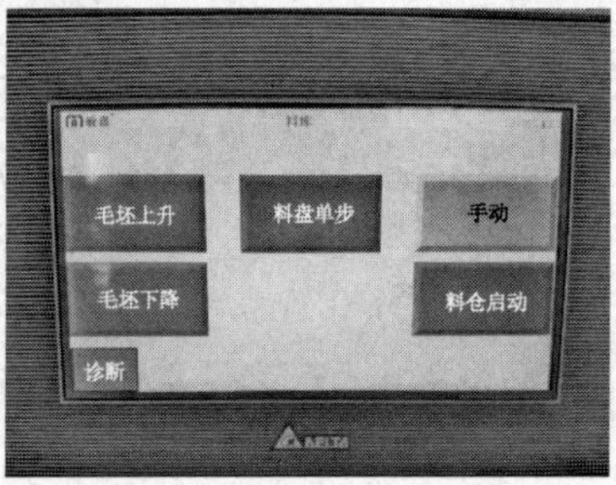 3. 启动机器人，将模式设为自动，按下 CYCLE START 循环启动按钮。 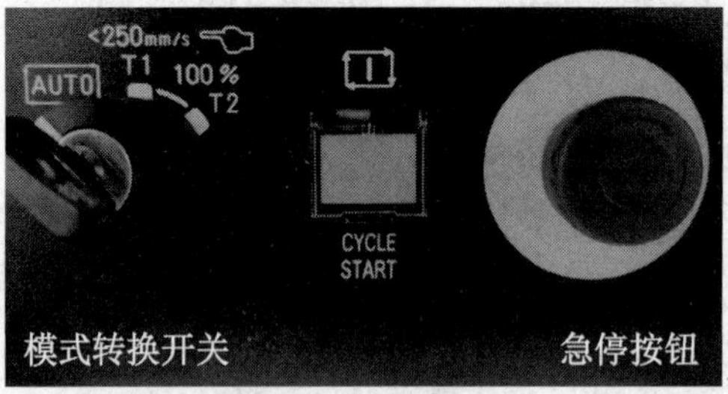 4. 启动数控车铣复合两联机。手动模式状态为"手动"按钮显示绿灯，按下液压按钮，选择对应程序，运行程序，开启循环启动后，生产线开始自动运行。 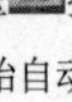 5. 观察智能生产线的运行情况是否正常	

五、活动评价

序号	评价内容	评价标准	权重	小组得分
1	机器人与料仓联调	能完成机器人从料仓取料	10	
		6S 管理达到要求	5	
2	机器人与数控车铣复合两联机调试	能调试机器人上料任务	10	
		能根据气缸件的生产加工工艺,在数控车铣复合两联机上调试并完成零件加工	20	
		能对数控车铣复合两联机进行掉头装夹加工	10	
		6S 管理达到要求	5	
3	气缸件加工与下料调试	正确辨识下料桁架机械手的气动阀和对应的操作按钮	10	
		6S 管理达到要求	5	
4	气缸件智能生产线自动运行	能正常启动智能生产线并顺利生产	15	
5	小组协作	小组分工合理,相互配合	10	
	合计			
记录活动过程中的亮点与不足:				

知识拓展

一、气动手指(机器人夹爪、桁架机械手夹爪)

气动手指属于气动元件的执行元件,一般用于夹紧产品,通过装置启动夹爪的张开与收缩,如图 7-6 所示。气动手指分为两爪型、三爪型和四爪型。

二、二位五通双电控电磁阀

在气路(或液路)上,二位三通电磁阀具有 1 个进气孔(接进气气源)、1 个出气孔(提供给目标设备气源)、1 个排气孔(一般安装一个消声器,如果不怕噪声,也可以不装)。二位五通双电控电磁阀(见图 7-7)具有 1 个进气孔(接进气气源)、1 个正动作出气孔和 1 个反动作出气孔(分别提供给目标设备的正动作和反动作的气源)、1 个正动作排气孔和 1 个反动作排气孔(安装消声器)。对于小型自动控制设备,一般选用 8~12mm 的工业胶气管。一般选用日本 SMC、台湾亚德客或其他国产品牌的电磁阀。

二位三通电磁阀一般为单电控(单线圈),二位五通电磁阀一般为双电控(双线圈)。线圈电压等级一般采用 DC 24V、AC 220V 等。二位三通电磁阀分为常闭型和常开型两种。常闭型电磁阀指线圈没通电时气路是断的,给线圈通电,气路接通,而线圈一旦断电,气路就会断开，相当于"点动"；常开型电磁阀指线圈没通电时气路是通的，给线圈通电，气路断开，而线圈一旦断电，气路就会接通，也是"点动"。

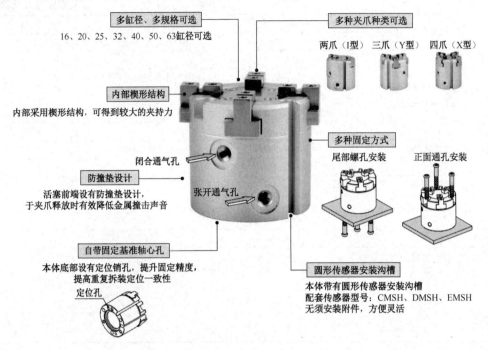

图 7-6　气动手指示意图

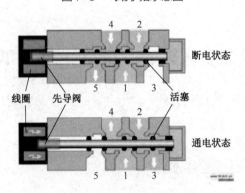

图 7-7　二位五通双电控电磁阀结构图

二位五通双电控电磁阀的动作原理：给正动作线圈通电，正动作气路接通（正动作出气孔有气），这时即使给正动作线圈断电，正动作气路仍然是接通的，这种状态将会一直维持到给反动作线圈通电为止；给反动作线圈通电，反动作气路接通（反动作出气孔有气），这时即使给反动作线圈断电，反动作气路仍然是接通的，这种状态将会一直维持到给正动作线圈通电为止。这就相当于"自锁"。基于二位五通双电控电磁阀的这种特性，在设计机电控制回路或编制 PLC 程序的时候，可以让电磁阀线圈动作 1~2s 就可以了，这样可以保护电磁阀线圈不被损坏。

在气动回路中,电磁控制换向阀的作用是控制气流通道的通、断或改变压缩空气的流动方向。其主要工作原理是利用电磁线圈产生的电磁力的作用,推动阀芯切换,实现气流的换向。按电磁控制部分对换向阀推动方式的不同,可以分为直动式电磁阀和先导式电磁阀。直动式电磁阀直接利用电磁力推动阀芯换向,先导式电磁阀则利用电磁先导阀输出的先导气压推动阀芯换向。电磁阀的外观图如图 7-8 所示。

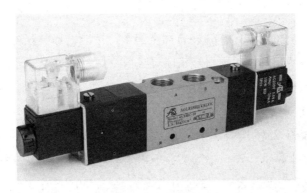

图 7-8 电磁阀外观

思政素材

全国技术能手卢锋:车铣镗钻 严苛加工

(来源:人民日报)

站在高达 7 米的大型高速五轴车铣加工中心操作台里,卢锋(见图 7-9)目光紧紧盯着计算机屏幕上的一行行程序代码,侧耳倾听切削的声响,不时来到加工台边,俯身察看切屑的形态⋯⋯

图 7-9 卢锋工作照

"如果钻头切削时发出尖锐的声音,或者产生的切屑不对称,就说明加工状态不正常,必须立即排查原因。"卢锋说,"生产航天产品不能有一丝马虎,任何一个细小的偏差都可能导致无法挽回的损失。只有做到加工过程零失误，才能保证产品零缺陷。"

"当一名技术能手"，这是卢锋很早就定下的目标。他出生在湖北十堰，父亲开了一家机械修理铺。耳濡目染下，卢锋从小就爱摆弄机器零件，渐渐对机械产生了浓厚的兴趣。2002年，尽管高考分数比一本线高出22分，卢锋仍毫不犹豫地报考了武汉职业技术学院机电工程学院。在校3年，他一有时间就跑到实训车间练手艺，东湖、黄鹤楼等知名景点都没空去逛一逛。

功夫不负有心人。2004年，卢锋在首届全国数控技能大赛中获得一等奖。因为这次比赛，第二年8月他被特招进了航天科技集团五院529厂，成为"王连友技能大师工作室"的一员；他的师傅正是"中华技能大奖""全国五一劳动奖章"获得者王连友。

"卢锋总是问问题最多的那一个"，王连友说，除了干好自己手头的工作，卢锋每每看到其他加工重要产品的设备，就利用午休时间向当班的师傅请教，学习新的加工技术。经过多年积累，卢锋把车、铣、镗、钻等工种干了个遍，所有产品种类都能上手。

529厂承担了许多重要航天产品的工作任务。"我们的产品有3个典型特点：产品价值高、加工难度高、质量风险高，制造工艺极为严苛。"卢锋说。每一次测量前必须做量具校验，图纸上标示的数据要从正向去测量，从反向去推算。每次切削加工前，至少要由3个人提出不同方案，反复讨论后优中选优。所有加工方案都要经过自检和互检，再三确认没有问题之后，才能进行加工。

"太空探索永无止境。航天产品也随着任务的需求不同，其结构、材料不断发生变化，基本每一次都是挑战。"在天宫一号舱段的预研阶段，卢锋不断地进行切削试验，力求找到一个最优的加工方案。有时吃饭时琢磨出一个切削参数，他赶紧扔下饭碗去做试验……

最终，他确定了一个理想的参数，用对称切削替代传统的顺序切削，使一节舱段连接框的加工时间由传统加工的27天缩短至9天，实现了大型框类零件的高速高效加工，同时解决了大量切削热易导致产品变形的问题，产品的表面光洁度也提升了一个量级。

新一代载人飞船试验船大底中有一个部件为钛合金材料球形镂空骨架结构，产品整体刚性差，加工难度极大。卢锋灵活运用组合夹具辅助支撑，增加局部强度，改变传统加工方法，用铣削代替车削，即从刀具不动产品转动变为刀具转动产品不动，有效避免了车削方式下空刀及车刀片损伤缺点，也使加工周期从80小时减少到10小时，同时提高了产品的精度。

"没有最好，只有更好，团队强才是真的强。"卢锋这些年总共写了二三十本工作记录，除了产品的状态、加工方案、参数等，还标出每一个生产过程的风险点及后续改进之处。他乐于分享自己的工作经验，先后培养了12名徒弟，其中，1名高级技师、4名技师，均已成长为生产骨干。

"三、二、一，点火！"随着指挥员一声令下，火箭托举着卫星稳稳地飞向太空！这是卢锋在四川西昌观看卫星发射时目睹的场景……当亲眼见证自己加工的产品遨游太空，他内心无比激动，"能从事航天事业，把个人兴趣与祖国需要结合在一起，我感到特别自豪！"

拓展作业

完成图 7-10 所示气缸零件在智能制造生产线上的生产调试。

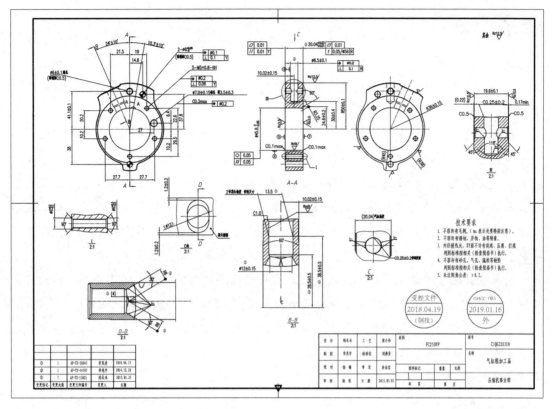

图 7-10 气缸零件图

任务三 气缸零件的检测

气缸零件的检测是指根据零件的尺寸要求，通过各种量具对已经加工好的零件进行测量，如外圆尺寸、内孔尺寸、厚度和对称度等，如图 7-11 所示。

图 7-11 已经加工好的气缸零件

职业能力

能通过各种测量工具,对气缸零件的尺寸进行检测,并区分合格产品和不合格产品。

核心概念

通止规:通止规是一种没有刻度的、检测孔和轴的专用工具,它不能测定工件的实际尺寸,只能测定工件是否处在规定的极限尺寸范围内,从而判断工件是否合格。用通止规检验工件,既简便又迅速。

通止规的工作原理是根据极限尺寸判断原则,用通止规的通端和止端分别检验零件的尺寸是否超出最大极限尺寸和最小极限尺寸,从而判断出被检零件是否合格。通端按被测孔的最大实体尺寸,即孔的最小极限尺寸制造,止端按被测孔的最小实体尺寸,即孔的最大极限尺寸制造。使用时,如果通止规的通端可以通过被测孔,则表示被测孔径大于最小极限尺寸,而通止规的止端又塞不进被测孔,则表示被测孔径小于最大极限尺寸,即说明被测孔的尺寸在规定的极限尺寸范围内,故此零件为合格产品。

用来检验轴径的通止规叫环规或卡规。卡规通端按被测轴的最大实体尺寸(轴的最大极限尺寸)制造,卡规止端按被测轴的最小实体尺寸(轴的最小极限尺寸)制造,使用时,如果卡规的通端顺利通过轴径,则表示被测轴径比最大极限尺寸小,而卡规的止端通不过轴径,则表示被测轴径比最小极限尺寸大,即说明被测轴的尺寸在规定的极限尺寸范围内,故此零件为合格产品。

学习目标

1. 能区分测量工具的用途。
2. 能通过各种测量工具对气缸零件进行测量。
3. 能判别合格零件与不合格零件。
4. 培养精益求精、严谨细致的工匠精神。

基础知识

一、百分表

百分表只能测出相对数值,而不能测出绝对数值。百分表主要应用于检测工件的形状和位置误差等,也可以用于校正零件的安装位置及测量零件的内径等,是一种精度比较高的量具,如图7-12所示。

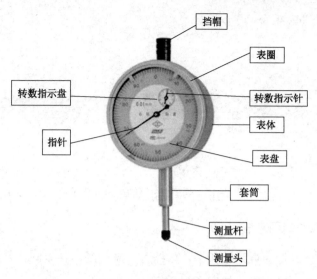

图 7-12　百分表示意图

1. 百分表的读数方法

先读小指针转过的刻度线（毫米整数），再读大指针转过的刻度线并估读一位（小数部分），然后乘以 0.01，最后两者相加，即得到所测量的数值。

2. 百分表的使用方法

（1）使用前，应检查测量杆活动的灵活性。轻轻推动测量杆时，测量杆在套筒内的移动要灵活，并且没有任何轧卡现象，每次手松开后，指针能回到原来的刻度位置。

（2）使用时，必须把百分表固定在可靠的夹持架上。切不可贪图省事，随便夹在不稳固的地方。

（3）测量时，测量杆的行程不要超过它的测量范围。防止百分表表头突然撞到工件上，也不要使用百分表测量表面粗糙度或有显著凹凸不平的工件。

（4）测量平面时，百分表的测量杆要与平面垂直；测量圆柱形工件时，测量杆要与工件的中心线垂直。

（5）为方便读数，测量前通常让大指针指到刻度盘的零位。

百分表可以用来测量形状和位置误差等，如圆度、圆跳动、平面度、平行度、直线度等。

二、内径百分表

内径百分表是将测头直线位移变为指针角位移的计量器具。内径百分表用比较测量法完成测量，用于不同孔径的尺寸及其形状误差的测量，如图 7-13 所示。

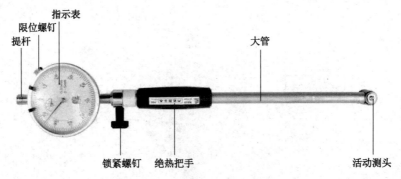

图 7-13 内径百分表的结构示意图

1. 内径百分表的使用方法

（1）将百分表插入量表直管轴孔中，压缩百分表一圈，并紧固。

（2）选取并安装可换测头，然后紧固。

（3）测量时手握隔热装置。

（4）根据被测尺寸调整零位。用已知尺寸的环规或平行平面（千分尺）调整零位，以孔的轴向最小尺寸或平面间任意方向内的最小尺寸，检查百分表是否对零位，然后反复测量同一位置 2～3 次后检查指针是否仍与零线对齐，如不齐，则重调。为读数方便，可用整数来定零位位置。

（5）测量时，摆动内径百分表，找到轴向平面的最小尺寸（转折点）来读数。

（6）测杆、测头、百分表等要配套使用，不要与其他表混用。

内径百分表操作示意图如图 7-14 所示。

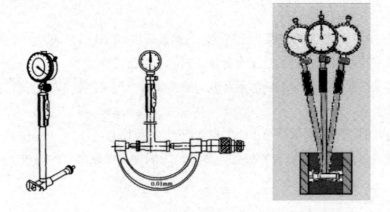

图 7-14 内径百分表操作示意图

2. 内径百分表的读数方法

测量孔径时，孔轴向的最小尺寸为其直径；测量平面间的尺寸时，任意方向上均最小的尺寸为平面间的测量尺寸。百分表测量读数加上零位尺寸，即为测量数据。

活动设计

一、活动设备和工具准备

序号	名称	简图	规格	数量	备注
1	内径百分表	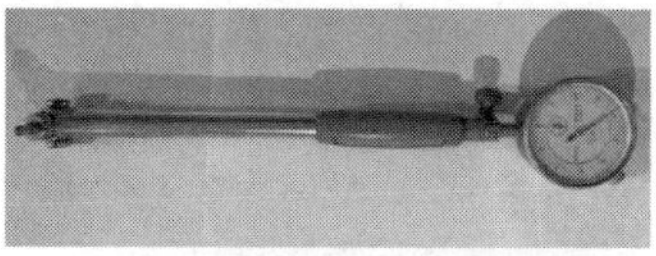		6套	工具
2	外圆检测工具			6套	工具
3	厚度检测工具			6套	工具
4	定位孔检测工具			6套	工具
5	吸入孔检测工具			6套	工具

续表

序号	名称	简图	规格	数量	备注
6	对称度检测工具			6套	工具
7	排气孔检测工具			6套	工具
8	各种通止规	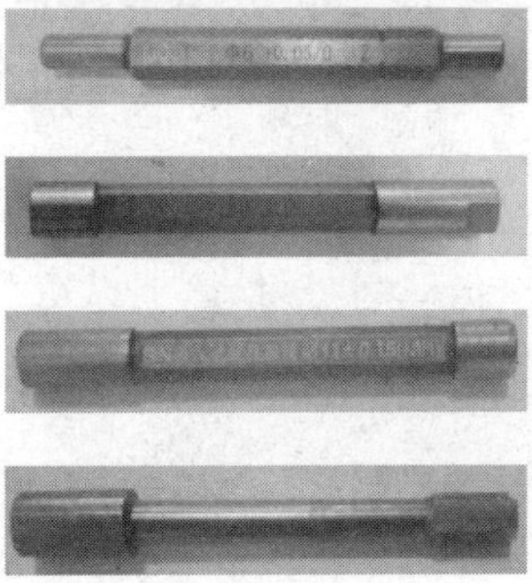		6套	工具

二、活动组织

1. 分小组，以5人为一个小组。
2. 设置组长、记录员、操作员和校验员，对零件与构件进行区分记录。
3. 定期对小组中的分工进行互换，确保每名学生都有机会动手。

工作岗位	姓名	岗位任务	备注
组长		1. 统筹安排小组工作任务，协调调度各组员开展活动。 2. 制订实施计划，并贯彻落实到小组中的每位成员，落实岗位职责。 3. 督促做好现场管理，落实6S制度和安全生产制度	

续表

工作岗位	姓　名	岗位任务	备　注
记录员		1．按工作任务要求，代表小组在《任务书》中记录活动过程中的重要数据与关键点。 2．管理与小组活动有关的文档资料	
操作员		1．按工作任务要求，代表小组实施具体的设备操作。 2．按工作任务要求，拆装相关设备或部件	
校验员		1．负责校验实施过程的可行性、安全性和正确性。 2．督促小组成员按所制订的计划实施活动，确保活动有效完成	

三、安全及注意事项

1．防止生产线其他设备的误操作。
2．按操作规程操作设备，以免损坏设备。
3．注意现场的 6S 管理，在确保安全规范的前提下开展活动。

四、活动实施

序号	步骤	操作及说明	安全要求
1	气缸零件内孔检测	1．将要检测的工件清理干净，保证无铁屑粘到零件表面。 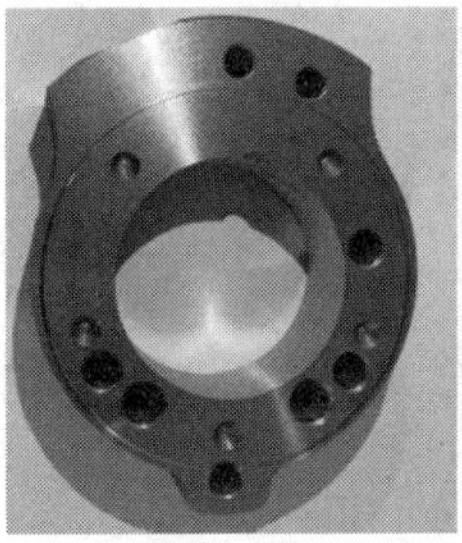 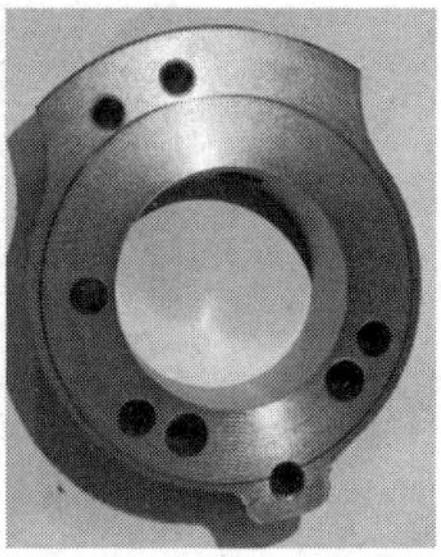 2．校准内径百分表，将内径百分表放到内孔标准件上进行校对，保证百分表到达零位，如下图所示。 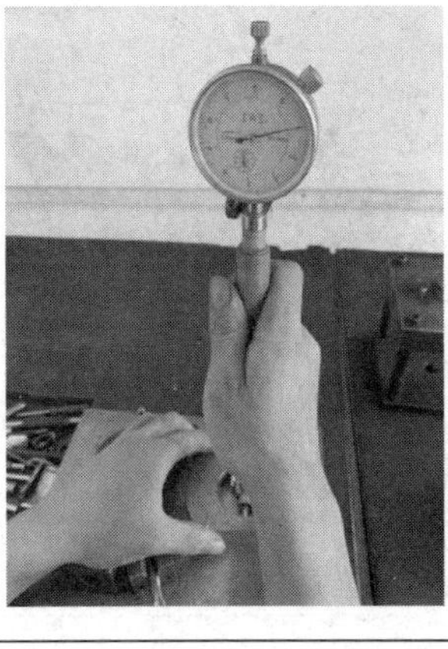	1．检测前，清理干净零件的油水、铁屑等附在零件上的杂质。 2．按要求校准内径百分表。

续表

序号	步骤	操作及说明	安全要求
1	气缸零件内孔检测	3．放平工件，将校准好的内径百分表放到被检测的零件内径，左右摆动，在百分表里观察数值是否在尺寸要求的范围内，并记录相应的数值，如在内径范围内，表示合格，如不在内径范围内，则调整内孔加工的刀具参数，重新加工后再检测 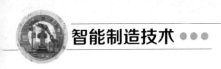	3．测量时，是否按照内径百分表的操作步骤正确执行
2	气缸零件外径检测	1．校准外径检测工具，将外径标准件放在外径检测工具上，调整百分表归零，如下图所示。  2．将工件平放在检测工具上，在百分表中观察数值是否在外径尺寸范围内，并记录相关数值，如尺寸在外径范围内，表示合格，如尺寸不在外径范围内，则调整外径加工的刀具参数，重新加工后再检测，如下图所示 	1．校准外径检测工具时，要拉起百分表，并轻放表针，以免损坏百分表，影响测量的精度。 2．进行零件检测时，需要转动工件检测圆弧，以及检查轴承是否顺畅

续表

序号	步骤	操作及说明	安全要求
3	气缸零件厚度检测	1. 校准气缸厚度检测工具，将厚度标准块放到厚度检测工具上进行校准百分表，如下图所示。  2. 将气缸零件平放在检测工具上，在百分表中观察数值是否在厚度尺寸范围内，并记录相关数值，如在厚度尺寸范围内，表示合格，如不在厚度尺寸范围内，则调整端面加工的刀具参数，重新加工后再检测，如下图所示 	1. 校准厚度检测工具时，要拉起百分表，并轻放表针，以免损坏百分表影响测量精度。 2. 测量时，注意防止检测面移动，并观察百分表的数值
4	气缸零件定位孔检测	1. 将气缸零件安放在定位孔检测工具上，确保零件安放平整到位，如下图所示。  	1. 安放零件时，要检查内孔是否有毛刺，以及检查工件是否安装到位。

续表

序号	步骤	操作及说明	安全要求
4	气缸零件定位孔检测	2. 推动定位孔检测工具的弹簧销，然后检查弹簧销是否插入气缸零件所对应的定位孔，如对应插入，则表示合格，如不对应，则表示不合格。调整定位孔加工的相关刀具参数，重新加工后再检测，如下图所示。 3. 对定位孔孔径进行检测时，用对应孔径大小的通止规分别对定位孔进行测量。通规可放入且止规不能放入即为合格，如不合格，则调整定位孔孔径加工的相关刀具参数，重新加工后再检测	2. 测量时，防止定位孔检测工具的弹簧销反弹压伤手指。 3. 测量孔径时要佩戴好手套，以防零件割伤手

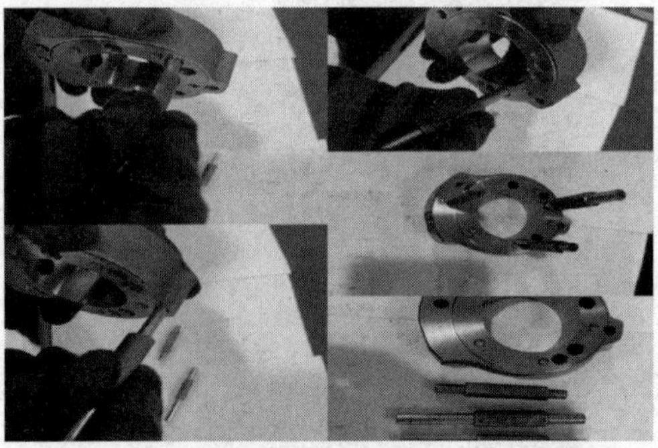

续表

序号	步骤	操作及说明	安全要求
5	气缸零件吸入孔检测	1. 对吸入孔孔径进行检测时，通过塞规检测，以通规可以塞进，止规不能塞进为合格，如下图所示。  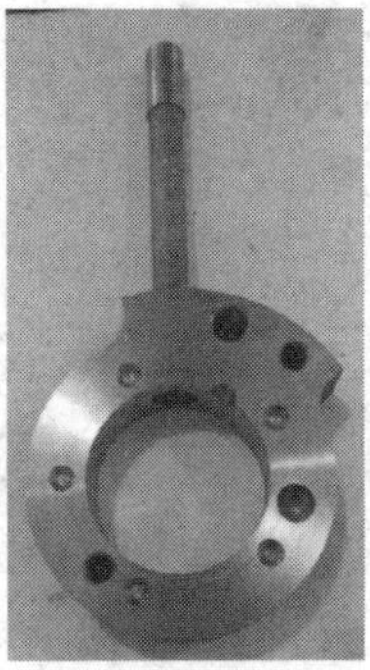 2. 检测吸入孔锥度时，用红丹粉填涂吸入孔塞规，然后使塞规与工件吸入孔接触，看接触面积是否达到80%。检测完成后，将孔内壁的红丹粉擦拭干净，如下图所示。  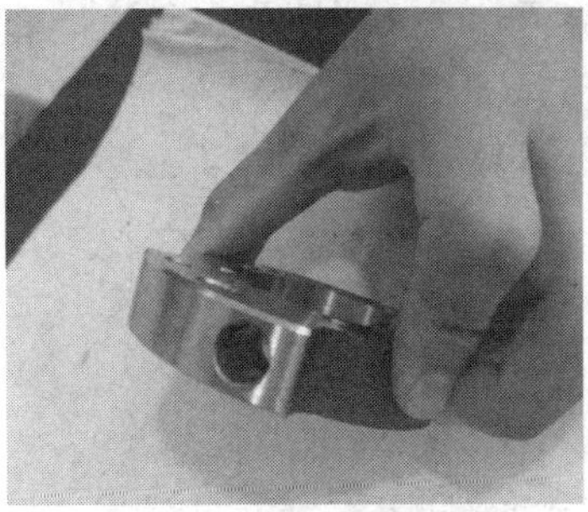 3. 检测吸入孔深度时，将吸入孔塞规插入吸入孔，通过测量塞规与工件的长度进行检测。 	1. 涂抹红丹粉时要涂抹均匀，检测完成后要清理干净。 2. 检测吸入孔深度时，拿稳卡尺和工件，以防工件掉落在地上。 3. 进行吸入孔定位检测时，如发现零件不能装到量具上，不要蛮力压紧，以防损坏测量工具。 4. 进行吸入孔对称度检测时，要先拉起测量针，再将工件移动到测量位置检测，以防直接移动损坏测量工具

续表

序号	步骤	操作及说明	安全要求
5	气缸零件吸入孔检测	4. 进行吸入孔定位检测时，将测量棒放入吸入孔，并将零件置于量具上，若能放入即吸入孔位置准确，否则为位置不准确如下图所示。  5. 进行吸入孔对称度检测时，先校对吸入孔对称度检测工具，将对称度检测工具百分表归零。将对称度塞规插入吸入孔，把零件放入吸入孔检测装置，检测零件正反两面，并记录数值是否一致，如果一致，表示对称度尺寸合格，反之不合格，调整吸入孔加工的相关刀具参数，重新加工后再检测，如下图所示   	1. 涂抹红丹粉时要涂抹均匀，检测完成后要清理干净。 2. 检测吸入孔深度时，拿稳卡尺和工件，以防工件掉落在地上。 3. 进行吸入孔定位检测时，如发现零件不能装到量具上，不要用蛮力压紧，以防损坏测量工具。 4. 进行吸入孔对称度检测时，要先拉起测量针，再将工件移动到测量位置检测，以防直接移动损坏测量工具

续表

序号	步骤	操作及说明	安全要求
6	气缸零件排气孔检测	1. 将气缸零件放入排气孔测量工具，如下图所示。  2. 将排气孔塞规分别插入排气孔，通过塞规检测，以通规可以塞进，止规不能塞进为合格。反之为不合格，调整吸入孔加工的相关刀具参数，重新加工后再检测 	检测完取出工件时，使用铜锤或塑料锤，将工件敲出，防止工件被损坏

五、活动评价

序号	评价内容	评价标准	权重	小组得分
1	认识气缸的各种测量工具	能正确辨识气缸的测量工具	20	
2	正确使用气缸零件的测量工具	能按步骤对气缸零件进行检测	20	
		能使用各检测工具检测气缸零件的尺寸	30	
		测量时符合 6S 操作规范	10	
3	小组协作	小组分工合理，相互配合	20	
	合计			
记录活动过程中的亮点与不足：				

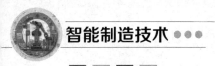

知识拓展

什么是自动化视觉检测系统

在工业生产过程中,生产商们希望使用的产品都是零缺陷的,这就要求生产商在生产过程中有严格的过程控制,必须在允许的误差范围内。为了实现这一目的,视觉检测系统必不可缺。

为了保证完整的质量控制,一般需要经过检测,但是随着生产量的不断增加,如在装配线上采用全人工的检测方式,不仅工作繁重,而且相当耗费时间。在如今的现代化生产线上,已经不能接受这样的检测方式了。

检测过程的自动化是解决这一问题的方法。视觉检测系统综合了传感器、相机、镜头等硬件和视觉软件,保证能够清楚地"看到"生产线上的产品。因此,视觉检测系统被用于检测自动化生产中的产品,通常用于生产线的末端,保证合格产品与不合格产品的区别处理。

一个视觉检测系统由光源系统(光学传感器)、CCD 相机、图像采集卡、工业计算机和控制机构组成,如图 7-15 所示。

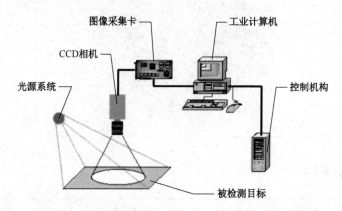

图 7-15 视觉检测系统的组成

光学传感器检测当前可移动部件的调整,它能触发相机,当它通过光源系统时进行拍照。光源系统,如背光和闪光,能强化性能,降低噪声。

视频帧捕捉器是一张计算机卡,能分析被相机捕捉的图像,并通过视觉软件进行进一步处理。视觉软件确认这一部分,并根据部件的接收或拒绝信息提供反馈。

1. 视觉检测系统的应用范围

视觉检测系统可应用于缺陷识别、空间定位、图形匹配和尺寸测量。

在缺陷识别应用方面,视觉检测系统可实现尺寸、缺损、污渍、中心图案偏移等的检测。CNC 校正视觉定位引导仪主要对加工产品的坐标进行校正,以满足 CNC 加工产品的一致性要求。

元器件平整度视觉检测仪专门用于引脚平整度、零件间隙、引脚宽度、零件长度等的检测。

字符视觉检测系统主要对印刷表面字符的对错、缺损、有无偏移度等进行检测。

2. 检测精度

虽为"视觉",但是产线设备看到的途径是通过工业相机,如高像素的 CCD 视觉检测设备,可以看到很多我们看不到的细节。在这个基础上,视觉技术提供的精度检测一直在检测行业中占有优势。图 7-16 所示为工业相机。

图 7-16　工业相机

3. 检测速度

大部分自动化检测模式拥有比较烦琐的工序,而视觉技术,在拍照时就将图像信息转变为电子信号,再通过视觉软件进行快速分析得出结果,这一系列操作在转瞬间完成,这对追求效率的制造行业来说是很富有吸引力的。图 7-17 所示为摄像头。

图 7-17　摄像头

思政素材

量子精密测量"破局者"贺羽:专注科学仪器,为更多行业赋能

（本文摘自新华网,2021 年 2 月 6 日,有改动）

2008 年考入中国科学技术大学少年班本硕博连读,2010 年进入杜江峰院士的中国科学院微观磁共振重点实验室工作，如今被业内称为中国科学仪器"赛道"最年轻的领跑者之一，贺羽却笑称自己只是一个量子精密测量领域的"破局者"，要在变局中开新局，还需要攻克很多难关。

"入坑"量子精密测量，对于贺羽来说，是偶然，也是必然。2010年，我国量子领域领军人物之一的杜江峰院士的一场学术报告会让18岁的贺羽第一次清晰地领略了"量子"的魅力，更拨开了他对未来研究领域的"迷雾"。图7-18为贺羽在实验室做科研。

图7-18 贺羽在实验室做科研

杜江峰院士在报告会上说了这样一件事：当时我国量子计算领域关于动力学解耦实验正处于关键节点，需要一台电子顺磁共振谱仪机器。国外公司的第一次报价是600万元，我们好不容易把钱凑齐了，对方却一口气涨到了1000万元，理由是"我们的产品是最好的，我们的价格也要是最好的"。

杜江峰院士的一席话让贺羽辗转反侧，彻夜未眠。电子顺磁共振技术对量子计算领域研究至关重要，但在过去的几十年间，中国在这方面的研究应用一直受制于人。振兴国家科学产业，解决科学仪器"卡脖子"的问题迫在眉睫。

第二天，他找到杜江峰院士表白心意："杜老师，我申请加入量子实验室。振兴国家科技产业，这个事我一定要干！"2010年，贺羽如愿进入杜江峰院士的中国科学院微观磁共振重点实验室工作，负责量子精密测量仪器设备的搭建。杜江峰院士还借给他一个14平方米的办公室开始创业，贺羽开始了为国造仪的逐梦之路。

为了解决实验中的一项关键指标，贺羽和研发团队在实验室里不分昼夜地苦熬了几周，才最终研发出了符合要求的组件材料。2018年，贺羽团队自主研发的中国首款商用脉冲式电子顺磁共振谱仪问世。图7-19为电子顺磁共振谱仪微波桥。

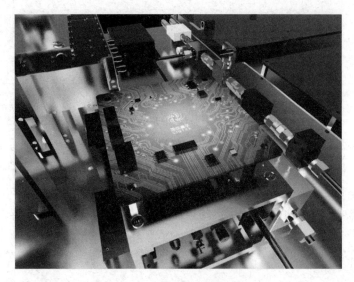

图 7-19 电子顺磁共振谱仪微波桥

每一件科学仪器的背后都是一个庞大而复杂的系统工程，每一个技术难点都像一层难以捅破的"窗户纸"，而每一次的技术突破都离不开研发人员追求极致的工匠精神。这些年来，贺羽团队攻克了电磁铁工艺、电流源技术、探头技术等多项技术难关，在关键性能指标上实现了领先。

在量子技术产业化浪潮加速"奔跑"的今天，量子精密测量技术正在赋能各行各业。在医疗方面，可检测出单个癌变细胞用于疾病早期诊断；在能源方面，可用于寻找金属矿藏；在工业方面，可用在汽车电源管理系统中，带来更高效的电源管理等。

"正因为有了我们这样一个'破局者'出现，全球范围内这个领域的服务也越来越好。"贺羽认为，量子技术产业化的加速发展，也为我国的科技成果产业化提供了一个"换道超车"的机遇。

"'十四五'期间，科技成果转化要真正做到自立自强，基础元件和基础材料主要依靠进口的现状仍然是最大瓶颈之一。"在贺羽看来，实现高端科学仪器自主可控，创新是原动力。

"心有所信，方能远行。"十年逐梦，贺羽不曾停下脚步，"用我们的仪器去拓展人类认知的边界，这是我们的使命。"

拓展作业

完成型号为 QN-3 气缸零件的检测，并统计该气缸零件每天生产产品的合格率。

任务四 认识工业云系统

工业云系统整合了 CAD、CAE、CAM、CAPP、PDM 一体化产品设计及产品生产流程管理，并利用高性能计算技术、虚拟现实技术及仿真应用技术，提供多层次的云应用信息化产品服务，帮助中小企业解决研发创新及产品生产中遇到的信息化成本高、研发效率低下、产品设计周期较长等问题；缩小中小企业信息化的"数字鸿沟"，为中小企业信息化提供咨询服务、共性技术、支撑保障和技术交流等，对加速中小企业转型升级，具有重要的现实意义，如图 7-20 所示。

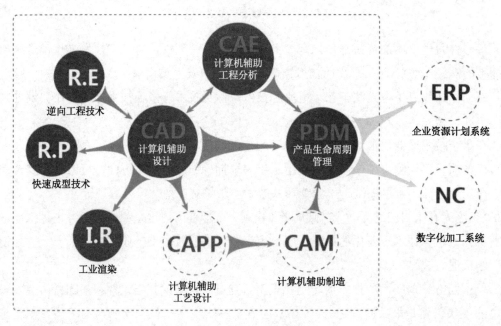

图 7-20 工业云系统

职业能力

能正确运用工业云系统制定生产订单、设置换刀信息、了解设备生产情况等。

核心概念

◆ 工业云系统：工业云系统是智能制造不可缺少的部分，其结合物联网收集相关生产设备实时数据进行分析管理。工业云系统由生产管理和制造执行系统相结合组成，可实现安排生产任务、收集生产线实时数据、制定订单量等功能；根据产线的生产需求，可设置生产管理、生产操作、生产报告、质量管理、资源管理、组织管理等功能。

学习目标

1. 能了解智能产线工业云系统的信息。
2. 能通过工业云系统制定生产线的每天工单。
3. 能根据智能产线的生产要求设置换刀信息单。
4. 培养分工协作的工作态度和探索进取的工匠精神。

基础知识

一、工业互联网

2012 年，工业互联网（Industrial Internet）的概念率先由美国通用电气公司（GE）提出，即工业互联网是开放、全球化的网络，将机器和先进的传感器、控制器和软件应用程序连接起来，提高生产效率，减小资源消耗，其本质在于工业机械原理、经验的固化，以及制造资源的集聚与共享。

图 7-21　工业互联网

《国务院关于深化"互联网+先进制造业"发展工业互联网的指导意见》指出，工业互联网通过系统构建网络、平台、安全三大功能体系，打造人、机、物全面互联的新型网络基础设施，形成智能化发展的新兴业态和应用模式，是推进制造强国和网络强国建设的重要基础。

工业资源的网络化、智能化是智能制造的本质特征，可以说，工业互联网的建设与部署是构建未来智能制造体系的关键所在。架构上，工业互联网主要由网络、平台（数据）、安全三大要素构成，其中，网络是基础，是人、产品、机器、车间、企业之间构建链接，以及整合设计、研发、生产、服务等各环节的"血管循环系统"；安全体系是保障，包括设备安全、网络安全、控制安全、应用安全、数据安全等方面,其目标既包括数据的保密,也包括设备的稳定可靠运行;而最为核心的是平台,本质上,工业互联网是构建基于海量数据采集、汇聚、分析的一个工业服务和运行控制体系。

作为工业互联网的核心,工业互联网平台在传统工业云平台的软件工具共享、业务系统集成基础上,通过物联网、大数据、人工智能等技术,叠加制造能力开放、知识经验复用与开发者集聚的功能,进而大幅度提升工业生产知识、传播、利用效率,形成海量开放App应用与工业用户之间相互促进、双向迭代的生态体系。

可以认为,工业互联网平台是工业云平台延伸发展,是集存储、集成、访问、分析、管理功能于一体的使能平台,其目标是实现工业技术、经验、知识的模型化、软件化、复用化,以工业App的形式为制造企业提供各类创新应用,最终形成资源富集、多方参与、合作共赢、协同研究的生态体系,为制造资源的泛在连接、弹性供给和高效配置提供支撑。可以说,泛在连接、云化服务、知识积累、应用创新是工业互联网平台的四大本质特征。

二、彼络工业云

彼络云平台为来自各种物联设备的数据提供云存储、数据处理与看板显示服务。彼络云平台可以完美支持彼络机床通信网关,以及彼络工业云系统所有后续数据采集产品与服务。

登录网址:tb.bivrost.cn(推荐使用 Chrome 浏览器)。

图 7-22 所示为登录页面。

图 7-22 登录页面

输入由彼络云平台客服提供的账号与密码，单击"登录"按钮，出现如图 7-23 所示的界面。

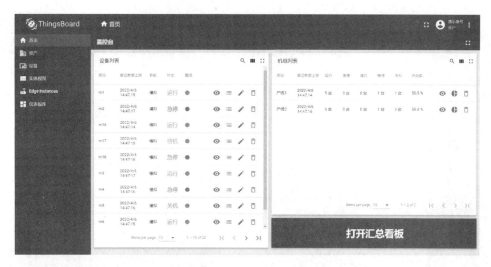

图 7-23　软件界面

连接成功后，可以通过彼络云平台的看板实时获取连接设备的数据。

（1）单击左侧导航栏"首页"，可以看到首页的"设备列表"与"机组列表"中出现了已连接的处于激活状态的机台与机组数据。设备列表显示机台的名称、最近数据上报时间、当前状态、是否有警报等信息；机组列表显示机组的名称，最近数据上报时间，当前组内处于运行、急停、调机、等待和关机状态的机台数量，以及机组开动率，如图 7-24 所示。

$$机组开动率 = \frac{机组总自动运行时间}{监控时间 \times 机台数}$$

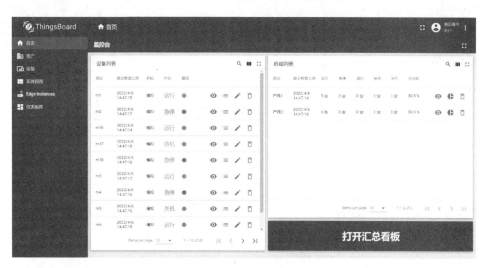

图 7-24　监控台页面

（2）单击"设备列表"中设备右侧的实时监控按钮，可以进入该设备的监控详情页，如图 7-25 和图 7-26 所示。

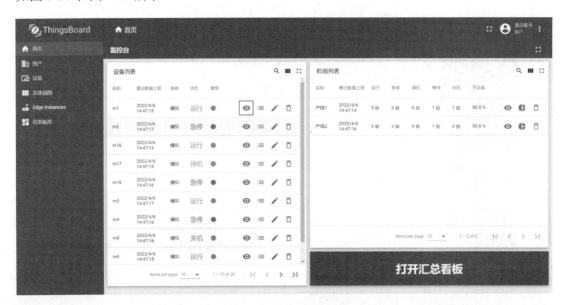

图 7-25　实时监控页面 1

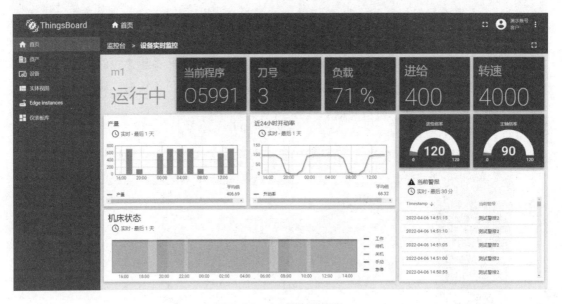

图 7-26　实时监控页面 2

通过分别单击每个时间窗口选项卡（如产量）下的时钟图标，可以修改每个时间窗口的时间区间和分组间隔，如图 7-27 所示。

通过单击"机床状态"，可以打开/关闭显示该图例数据，如图 7-28 所示。

（3）单击"设备列表"中右侧的警报历史按钮，可以进入该设备的警报历史页面，如图 7-29 所示。

气缸件自动生产线加工 | 项目 七

图 7-27 产量设置页面

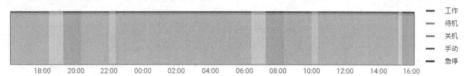

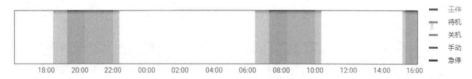

图 7-28 机床状态显示

图 7-29 警报历史页面

· 223 ·

(4) 单击"设备列表"中右侧的看板设置按钮,在弹出的"看板设置"窗口中可以设置该设备的编号,即在汇总看板中的位置。修改编号后,单击更新按钮完成设置,如图 7-30 所示。注:在汇总看板中,编号从 1 开始,从上往下第一行左数第一个为 1,第一行左数第二个为 2。当看板占满一行后,接着从第二行开始。

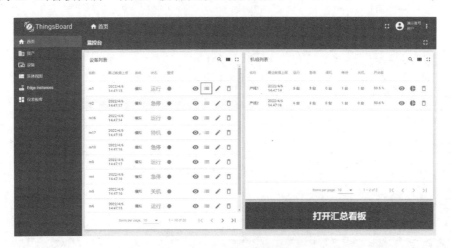

图 7-30　看板设置页面

(5)"设备列表"中右侧的删除设备按钮,与"机组列表"中右侧的删除机组按钮,可以删除设备与机组的历史数据,如图 7-31 所示。

注:如用户不确定是否需要永久删除设备,则建议不要在云平台中删除任何设备,以避免丢失数据。如需恢复被删除的历史数据,则需要管理员权限才能操作。

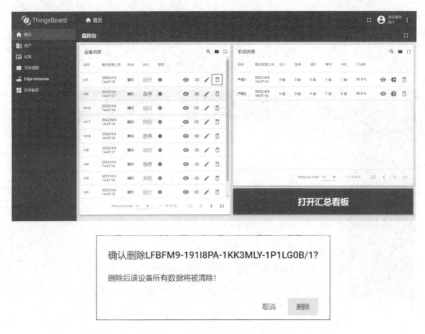

图 7-31　设备删除操作页面

（6）单击"机组列表"中右侧的实时监控按钮，可以进入机组的监控详情页面，如图 7-32 和图 7-33 所示。

图 7-32　监控详情页面 1

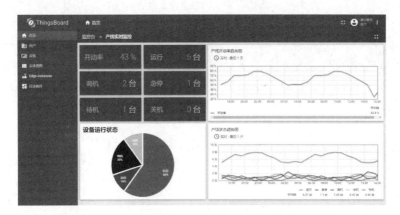

图 7-33　监控详情页面 2

（7）单击"机组列表"中右侧的状态统计按钮，可以进入机组的状态统计页面，如图 7-34 和图 7-35 所示。

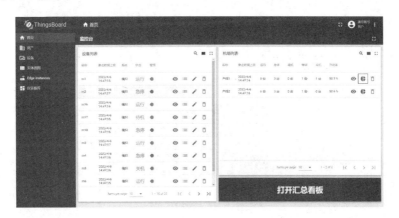

图 7-34　状态统计页面 1

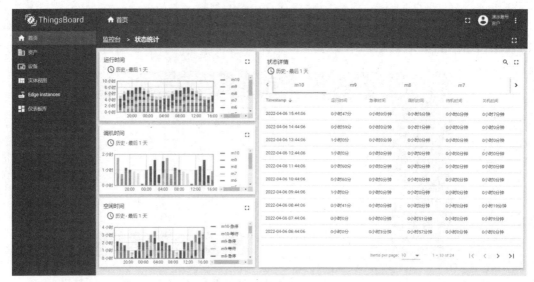

图 7-35　状态统计页面 2

分别单击每个时间窗口选项卡（如"运行时间"）下的时钟图标，可以修改每个时间窗口的时间区间和分组间隔。通过单击统计图右侧图例，可以打开或关闭显示该图例数据。调整"运行时间"窗口，可以显示机台 m1、m2、m3 最后 12 小时每隔 10 分钟的数据，如图 7-36 所示。

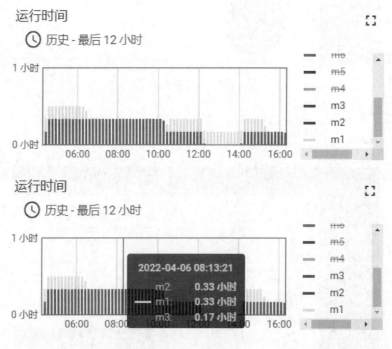

图 7-36　运行时间

（8）单击"打开汇总看板"，可以进入汇总看板，在这里可以看到设备列表中设备的概况卡片，如图 7-37 和图 7-38 所示。注：概况卡片的顺序可以在本节第 4 步中调整。在汇总看板中，编号从 1 开始，1 为第一行第一个，2 为第一行第二个，以此类推。当看板占满一行后，在第二行继续。

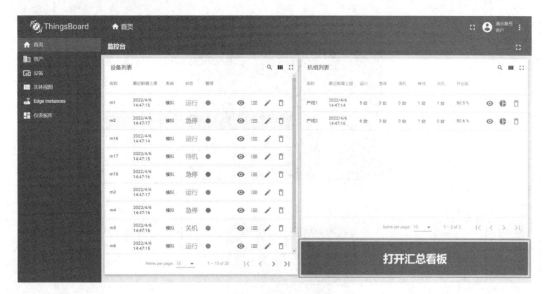

图 7-37 汇总看板示意图 1

图 7-38 汇总看板示意图 2

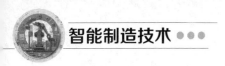

活动设计

一、活动设备、工具准备

序号	名称	简图	规格	数量	备注
1	工业云系统	彼络工业云（登录界面）	彼络工业云	1	云系统
2	多媒体计算机	（计算机图片）	—	30 台	设备

二、活动组织

1. 分小组，以 4 人为一个小组。
2. 设置组长和组员，记录工业云系统的操作。
3. 将小组中的分工进行互换，确保每个学生都有动手机会。

工作岗位	姓 名	岗位任务	备注
小组长		1．统筹安排小组工作任务，协调调度各组员开展活动。 2．制定实施计划，并贯彻落实到小组中的每位成员，落实岗位职责。 3．督促做好现场管理，落实 6S 制度和安全生产制度	
记录员		1．按工作任务要求，代表小组在《任务书》中记录活动过程中的重要数据与关键点。 2．管理与小组活动有关的文档资料	
操作员		1．按工作任务要求，代表小组实施具体的设备操作。 2．按工作任务要求，制定生产订单和刀具更换计划	
校检员		1．负责校检实施过程的可行性、安全性和正确性。 2．督促小组成员按所制定的计划实施活动，确保活动有效完成	

三、安全及注意事项

1. 防止更改已排产的生产线订单计划。
2. 按操作规程设置工业云上的数据。
3. 根据生产线的生产能力合理设置生产订单。

四、活动实施

序号	步骤	操作及说明	安全要求
1	认识工业云系统	1. 登录彼络工业云系统。 2. 登录彼络工业云系统后，可以认识工业云系统的生产管理、生产操作、生产报告和质量管理等功能 	注意个人的登录账号和密码保管

续表

序号	步骤	操作及说明	安全要求
2	工业云系统气缸生产工单的录入	1. 展开列表，如下图所示，依次单击框内标题进入生产工单页面。 2. 生产工单页面如下图所示，单击框内"添加工单"按钮可以添加新的生产工单。 3. 添加生产工单页面如下图所示。 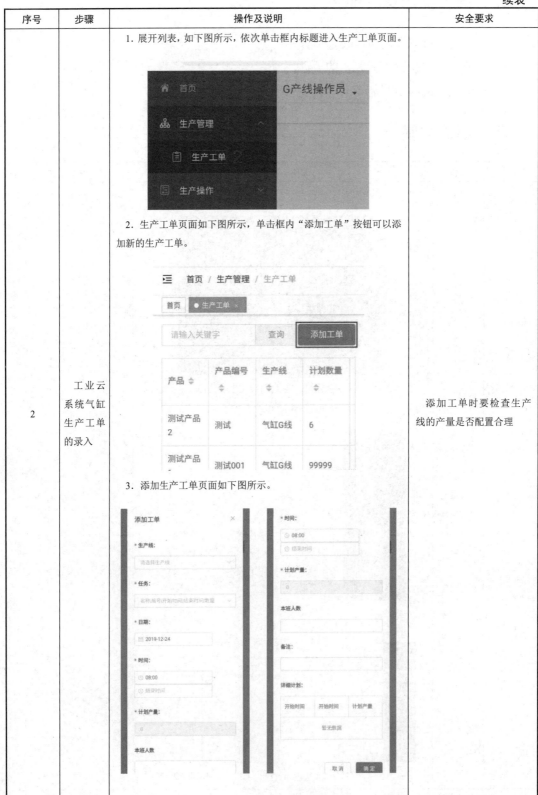	添加工单时要检查生产线的产量是否配置合理

续表

序号	步骤	操作及说明	安全要求
2	工业云系统气缸生产工单的录入	4. 依次选择生产线、日期（默认今日）、任务、开始结束时间，填入本班人数，并在备注中注明 A 班（08：00-20：00 班）或 B 班（20：00-次日 08：00 班）。 5. 选择好开始和结束时间后，"详细计划"中会自动创建每个小时的小时计划，默认计划数量为 0，请给每个小时填入相应的计划产量。本班的计划产量由"详细计划"中的小时计划产量之和自动计算得出，无须填写。 6. 已经填好的生产工单示例如下图所示，确认无误后单击右下角的"确定"按钮提交。 	添加工单时要检查生产线的产量是否配置合理

续表

序号	步骤	操作及说明	安全要求
2	工业云系统气缸生产工单的录入	7. 完成后，可在生产工单首页看到刚刚创建的生产工单。将页面拖动到最右侧，可以看到"编辑"和"删除"按钮，通过这两个按钮可以再次编辑或删除已经创建的生产工单  	添加工单时要检查生产线的产量是否配置合理
3	录入换刀	1. 展开列表，如下图所示，依次单击框内标题进入换刀操作页面。 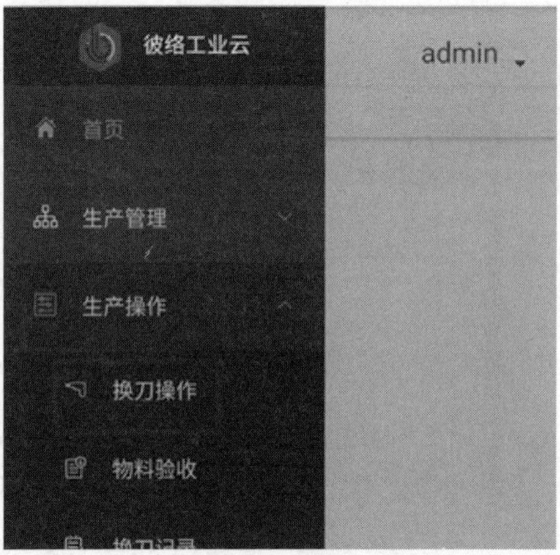	根据工艺要求，设置刀具的更换数量

续表

序号	步骤	操作及说明	安全要求
3	录入换刀	2. 换刀操作页面如下图所示，在框内选择机台类型和机台关键字（区分大小写字母）以查找需要换刀的机台，这里以气缸 F 线 4 号机 4 通道为例。  3. 单击上图中需要换刀的机台（F-04-04）右侧的"刀位设置"按钮，弹出以下窗口，上下移动表单，可以找到需要更换的刀位，此处以 01 刀位为例。  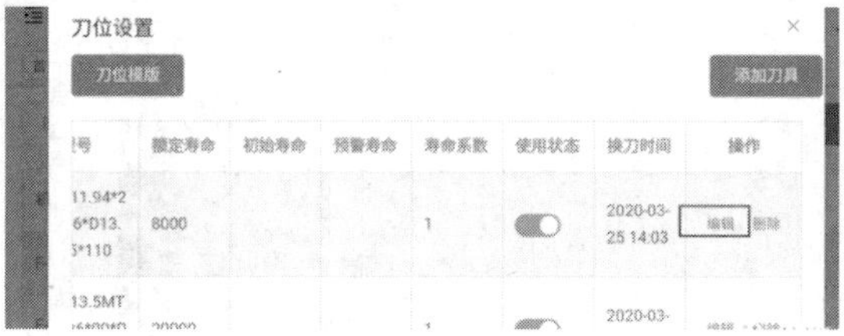 4. 在弹出的窗口中，填入更新的刀位信息。下面 a 和 f 为每次换刀必须更新的信息。b 和 c 为不常更新的信息。d 和 e 为极少更新的信息。 　a. 依次选择"类型""品牌"和"型号"。"型号"为必选项，"类型"和"品牌"用来缩小"型号"的范围。 　b. 根据刀具的"品牌"和"型号"填入"额定寿命"。"额定寿命"应由刀具主管制定。 　c. 如果这把刀以前使用过，则需要填入"初始寿命"。如果是新刀，则可以不填。 　d. 如果有特殊需要，则填入"预警寿命"。当刀具使用次数达到"预警寿命"时，会有相应提醒。如果不填"预警寿命"，则会默认启用资源管理中的整体预警寿命设置作为预警寿命。如无特殊情况，此处的"预警寿命"可以不填。修改"预警寿命"时，需要刀具主管的确认。 　e. 如果一次加工使用多次刀具，则需要修改"寿命系数"。一般不用修改。修改时，需要向主管确认。	根据工艺要求，设置刀具的更换数量

续表

序号	步骤	操作及说明	安全要求
3	录入换刀	f. 单击"换刀时间"框，如果换刀发生在当前，则就在"换刀时间"框中选择此刻。否则，选择相应的时间。 g. 单击右下角"确定"按钮，完成刀具信息的更新。  5. 完成换刀后，系统自动回到刚才的刀位选择窗口，检查刚才输入的信息，如有误，可以单击"编辑"按钮进行修改。确认信息无误后，本次录入换刀信息完成。 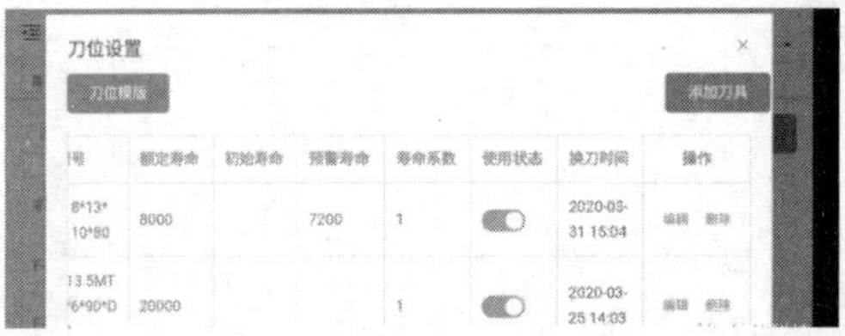 6. 在员工完成刀具信息录入后，刀具主管可以在换刀记录中看到员工的操作记录，如由谁操作、进行了什么操作、使用了什么刀具、填写的所有信息等。如果信息有误，刀具主管会找员工更正信息。只有刀具主管在换刀记录中确认了信息，本次刀具信息才会被有效记录	根据工艺要求，设置刀具的更换数量
4	观察工业云系统的信息反馈	1. 登录汇总看板 App。 2. 选择所查看的生产线情况，如下图所示。 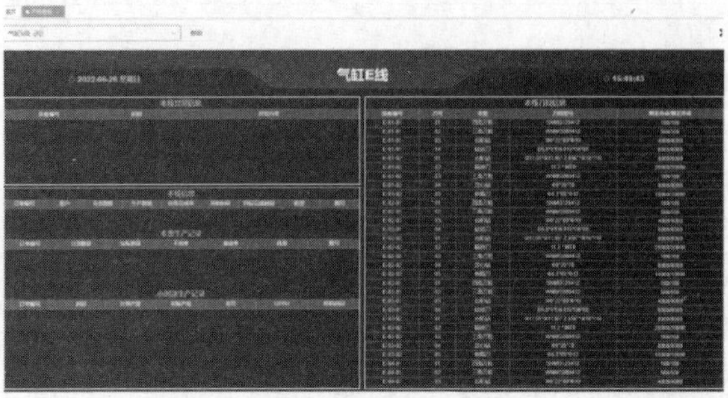 3. 观察设备生产情况，检查汇总看板数据是否已经更新	结合汇总看板的生产数据和问题分析，排除影响智能生产线的故障问题，提高生产效率

五、活动评价

序号	评价内容	评价标准	权重	小组得分
1	认识工业云系统的功能	能正确认识工业云系统的功能作用	10	
2	设置智能产线工单	制定每天的生产工单	20	
		每天的生产工单是否合理	10	
3	设置智能产线换刀信息	正确设置每把刀具的生产寿命	20	
		检查刀具信息是否正确	10	
4	观察智能产线在工业云系统中的数据分析	能看懂工业云系统的数据分析	20	
5	小组协作	小组分工合理,相互配合,有生成	10	
	合计			

记录活动过程中的亮点与不足:

知识拓展

工业大数据的起源

众所周知,人类社会的发展进程与新技术的发明和应用有着密切关系,人类近现代史上经历过四次工业革命,如图 7-39 所示。其中,第四次工业革命是在 21 世纪以后发展起来的,是我们目前正在经历的以物联网、大数据、机器人及人工智能为代表的数字技术所驱动的社会生产方式的变革。概括来讲,第四次工业革命的核心在于智能化,即要解决以下问题:生产力的进一步升级和解放导致生产过程和商业活动的复杂性和动态性已经超越了依靠人脑加以分析和优化的能力。因此,需要依靠智能化的技术代替人的智能进行复杂流程的管理、庞大数据的运算、决策过程的优化和行动的快速执行,使系统像人一样思考和协同工作。

工业大数据正是在这样的背景和环境下产生的,并释放出源源不断的生命力。工业大数据与其他新技术相互促进,共同推动工厂之间、工厂与消费者,甚至消费者与消费者之间的"智能连接",使生产方式从信息化支撑向信息化服务转变、从"产品生产"向"智能制造"转变。

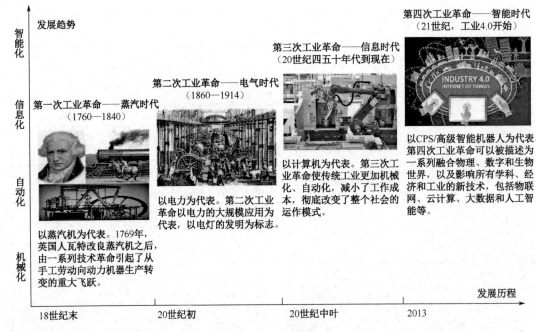

图 7-39　工业革命历程

德国"工业 4.0"战略

德国政府在 2013 年的汉诺威工业博览会上提出"工业 4.0"战略，其目的是提高德国工业的竞争力。该战略已经得到德国科研机构和产业界的广泛认同，并在世界范围内产生了极大的影响。

德国"工业 4.0"战略的实施重点在于信息互联技术与传统工业制造的结合，其中，大数据分析作为关键技术将得到较大范围的应用。以智能工业生产系统为例，主要体现在以下几个方面：一是"智能工厂"，重点研究智能化生产系统及过程，以及网络化分布式生产设施的实现；二是"智能生产"，主要涉及整个企业的生产物流管理、人机互动，以及 3D 技术在工业生产过程中的应用等；三是"智能物流"，主要通过互联网、物联网、物流网，整合物流资源，充分发挥现有物流资源供应方的效率。需求方则能够快速获得服务匹配，得到物流支持。如图 7-40 所示。

德国"工业 4.0"展现一幅全新的工业蓝图：在现实和虚拟结合的网络世界里，互联网将渗透到所有的关键领域，价值创造过程将会改变，原有的行业界限将会消失，新兴的产业链条将会重组，全新的商业模式和合作模式将会出现。

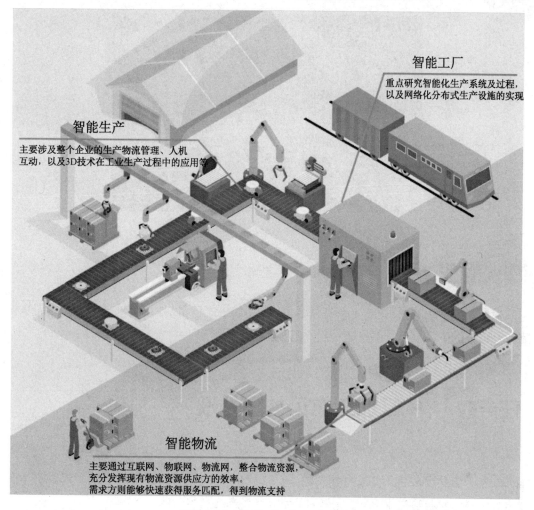

图 7-40 德国的"工业 4.0"战略

思政素材

中国的"智能制造"

我国是全球第一制造大国,目前,已拥有 41 个工业大类、207 个工业中类、666 个工业小类,形成独立完整的现代工业体系,是全世界唯一拥有联合国产业分类中全部工业门类的国家,工业数据资源极为丰富,为工业大数据的发展奠定了坚实基础,但中国制造业也面临转型升级的迫切需求,强调以推进信息化和工业化深度融合为主线,大力发展"智能制造"(见图 7-41),希望通过"智能制造"构建信息化条件下的产业生态体系和新型制造模式,改变目前行业发展困局,走出制造业高质量发展之路。同时,提出了中国成为制造业强国的三步战略。第一步,到 2025 年迈入制造强国行列;第二步,到 2035 年中国制造业整体达到世界制造强国阵营中等水平;第三步,到中华人民共和国成立 100 周年时,国家综合实力进入世界制造强国前列。

图 7-41　智能制造应用

拓展作业

根据智能产线的要求，制定气缸型号为 SK-2 的生产工单，并设置气缸型号的换刀数据，更新气缸件的生产信息，并在工业云系统上展示。

任务五　气缸加工常见故障处理

气缸加工故障是指气缸在智能制造生产过程中出现的问题，如上料不良、定位不准确、传感器损坏、对接通道卡死等。图 7-42 所示为生产线。

图 7-42　生产线

职业能力

能正确判断气缸加工故障的原因，并对气缸加工故障进行处理。

核心概念

生产线故障诊断：根据生产线出现的故障报警灯，对智能制造生产线的常见故障进行分析诊断。

学习目标

1. 学会判断气缸自动加工生产线常见故障。
2. 能对气缸自动加工生产线常见故障进行排除。
3. 能简单填写生产线故障单。
4. 培养严谨细致、规范安全的操作习惯。

基础知识

一、光电传感器的注意事项

光电传感器是一种常用的测量仪器，其应用范围非常广泛。图 7-43 所示为光电传感器。

图 7-43　光电传感器

光电传感器在使用过程中的注意事项如下：

（1）使用中，光电传感器的前端面与被检测工件或物体的表面必须保持平行，这样光电传感器的转换效率最高。

（2）安装焊接时，光电传感器的引脚根部与焊盘的最小距离不得小于 5mm，否则，焊接时易损坏管芯。或引起管芯性能改变。焊接时间应小于 4s。

（3）对射式光电传感器的最小可检测宽度为这种光电开关透镜宽度的 80%。

（4）当使用感性负载（如灯、电动机等）时，其瞬态冲击电流较大，可能劣化或损坏交流二线的光电传感器，在这种情况下，请将负载经过交流继电器转换使用。

（5）红外线光电传感器的透镜可用擦镜纸擦拭，禁用稀释溶剂等化学品，以免永久损坏塑料镜。

（6）针对用户的现场实际要求，在一些较为恶劣的条件下，如灰尘较多的场合，可选用强灵敏度的光电传感器，以适应在长期使用中延长光电传感器维护周期的要求。

（7）因强光中的红外光将影响接收管的正常工作，光电传感器必须安装在没有强光直接照射处。

二、数控设备加工常见故障及处理方法

常见故障现象如图 7-44 所示。

（1）数控刀片损坏后不锐利：由于刀具的磨损，每个刀片都有相应的寿命，如出现刀片损坏，则需要更换新的数控刀片，更换后需要调整刀补或重新对刀。

图 7-44　故障现象

（2）工件放置不当、放置不稳定造成的故障：在装夹时，如果工件没有正确安装到位或夹紧力不够，则在加工过程中可能造成工件飞出，损坏设备或刀具，所以在出现故障时，检查工件是否安装到相应的定位装置。

（3）加工工艺安排不当：不同的工件有不同的加工方案，根据气缸的零件需求要合理安排相应的加工工序，选择合理的切削参数，如果切削量增大，刀具寿命则会减少，容易造成工件生产尺寸不稳定。如果先用中心钻定点，再钻孔，虽然工序多了一步，但可以确保钻孔的定位尺寸等。

三、工业机器人故障处理的十个常见方法

如图 7-45 所示，和机器人设备打交道，难免会遇到设备故障。如何稳妥地处理这些故障？下面为十种处理故障的常用方法。

图 7-45　机器人工作故障处理

1. 先问后动

对于有故障的电气设备，不要急于动手，要首先询问故障前、后的过程和故障现象。对于不熟悉的设备，首先必须熟悉电路原理和结构特点，并遵守相应的规则。拆卸前，应充分熟悉各电气部件的功能、位置、连接方式及其与周围其他设备的关系。如果没有装配图，在拆卸过程中则要绘制草图并进行标记。

2. 先外后内

先检查外观，检查设备是否有明显的裂纹和缺陷，了解其维护历史和使用寿命，然后检查机器内部。拆卸前，必须消除周围的故障因素，确定为内部故障后才能进行拆卸。不要盲目拆卸。

3. 先机械后电气

只有在确认机械部件没有故障后，才能进行电气检查。检查电路故障时，先使用检测仪查找故障部位，在确认无接触不良故障后，再检查线路与机械的运行关系，避免判断错误。

4. 先静态后动态

当设备不工作时，判断电气设备的按钮、接触器、热继电器和熔断器的质量，以确定故障。打开测试，听其声音，测量参数，判断故障，最后进行维护。例如，当电动机失相时，如果测量的三相电压值无法区分，则应听其声音，分别测量每相对地电压，以判断哪相失相。

5. 先清洁后维修

对于被高度污染的电气设备，则首先清洁按钮、接线点和触点，并检查外部控制按钮是否失效。许多故障是由导电污垢和灰尘引起的。清洁后，故障通常会消除。

6. 先电源后设备

电源部分的故障率在整个设备故障中占的比例很高，所以先检修电源往往可以事半功倍。

7. 先普遍后特殊

由装配零件质量或其他设备故障引起的故障通常占常见故障的 50% 左右。电气设备的特殊故障主要是平滑故障，需要利用经验和仪器进行测量和维修。

8. 先外围后内部

先不要急于更换损坏的电气部件，只有在确认外围设备电路正常时，才考虑更换损坏的电气部件。

9. 先直流后交流

检修时，必须先检查直流回路静态工作点，再检查交流回路动态工作点。

10. 先故障后调试

对于调试和故障并存的电气设备，应先排除故障，再进行调试，调试必须在电气线路正常的前提下进行。

活动设计

一、活动设备和工具准备

序号	名称	简图	规格	数量	备注
1	圆盘式自动料仓		PR02	6台	设备
2	数控车铣复合两联机		HF302	6台	设备
3	工业机器人	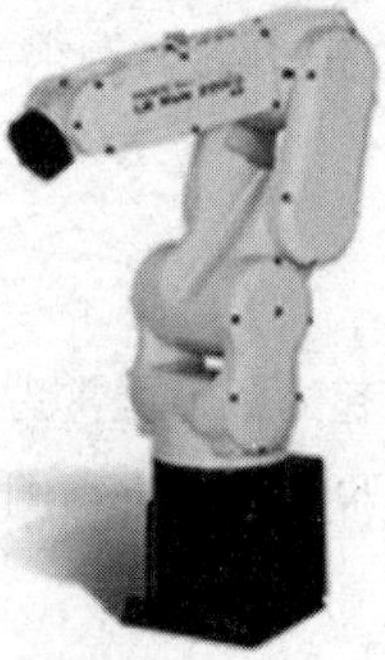	M-10IA/12	6台	设备

续表

序号	名称	简图	规格	数量	备注
4	传送带	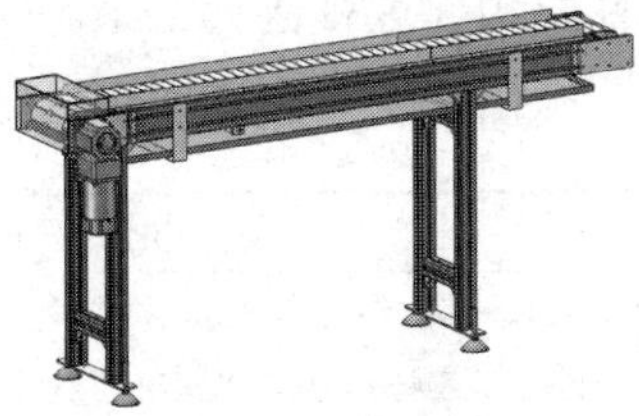		6台	设备
5	气缸件毛坯		QN-2	若干	材料
6	各刀具	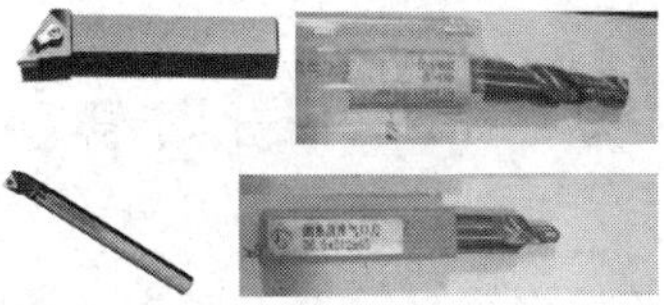	各规格	6套	耗材
7	刀柄扳手		各规格	6个	工具
8	内六角扳手套装		8件套装	6套	工具

二、活动组织

1. 分小组，以 5 人为一个小组。
2. 设置小组长和组员，对零件与构件进行区分记录。
3. 将小组中的分工进行互换，确保每个学生都有机会动手。

工作岗位	姓　名	岗位任务	备　注
组长		1．统筹安排小组工作任务，协调调度各组员开展活动。 2．制定实施计划，并贯彻落实到小组中的每位成员，落实岗位职责。 3．督促做好现场管理，落实 6S 制度和安全生产制度	
记录员		1．按工作任务要求，代表小组在《任务书》中记录活动过程中的重要数据与关键点。 2．管理与小组活动有关的文档资料	
操作员		1．按工作任务要求，代表小组实施具体的设备操作。 2．按工作任务要求，拆装相关的设备或部件	
校检员		1．负责校检实施过程的可行性、安全性和正确性。 2．督促小组成员按所制订的计划实施活动，确保活动有效完成	

三、安全及注意事项

1. 防止由于自动生产线其他设备的误操作而伤人，排查故障时，整条生产线处于暂停状态。
2. 严格按照安全操作规程操作设备，杜绝多人操作生产线，小组成员分工明确，各负其责。
3. 禁止戴手套操作触摸屏，以防误操作。
4. 注意对现场的 6S 管理，在确保安全规范的前提下开展活动。

四、活动实施

序号	步骤	操作及说明	安全要求
1	料仓故障处理	1．料仓传感器故障处理。 当发现料仓毛坯没有到达机器人取料指定位置或机器人不取料时，应停机检查，并填写故障记录单。	更换传感器信号灯时，要检查设备是否断电，以免触电。更换时还要注意正负极的接线

续表

序号	步骤	操作及说明	安全要求
1	料仓故障处理	  检查料仓上的检测料仓位置信号灯是否有污垢，如有污垢，清除污垢后再启动运行，如果传感器信号灯熄灭，应在断电状态下，拆除传感器信号灯，并更换。 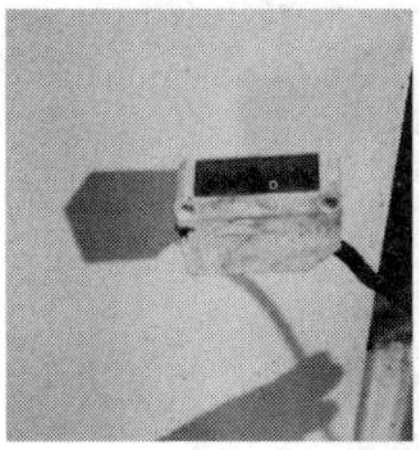 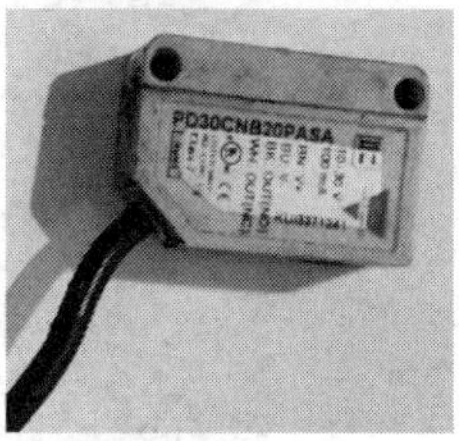 2. 料仓定位杆松动引起位置不良的故障处理。 当发现料仓定位杆松动，造成毛坯定位不准确时，应暂停料仓的运行，并填写故障记录单，然后通过六角扳手调整料仓定位杆的位置，并锁紧内六角螺栓，如下图所示 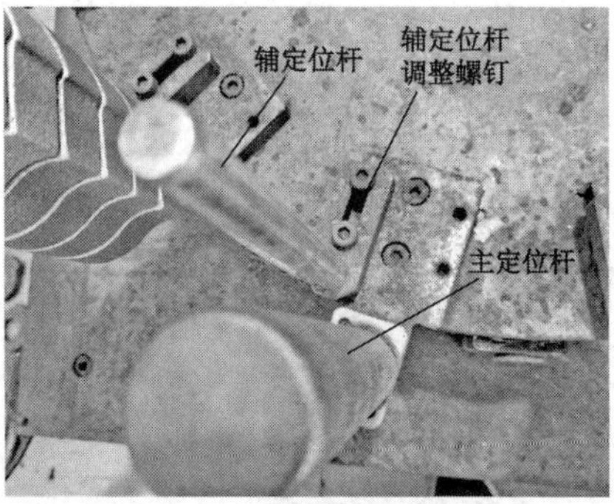	更换传感器信号灯时，要检查设备是否断电，以免触电。更换时还要注意正负极的接线

续表

序号	步骤	操作及说明	安全要求
2	气缸毛坯引起的故障排除	1. 气缸毛坯毛刺较多，不能安装在料仓位置。 由于来料的厂家不同，厂家生产出来的毛坯规格不统一，造成毛坯安放固定位置卡料。当出现这种情况时，应在故障记录单上填写故障原因，并将毛坯情况上报上级部门。 常见处理办法如下。 （1）更换毛坯 （2）重新调整料仓的定位固定杆 2. 毛坯摆放位置不正确引起的故障。 当发现气缸成品整体尺寸偏移时，应检查毛坯摆放位置是否正确，是否紧贴料仓定位杆安放，如下图所示 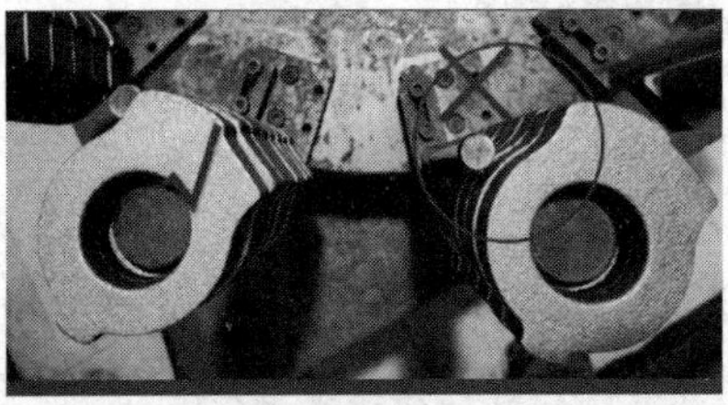	发现毛坯毛刺较多时，应及时上报，观察时注意手和头的保护。 摆放毛坯时，应注意在设备停止运行过程中操作
3	机器人取料、上料引起的故障排除	1. 机器人取料不良引起的故障 当发现机器人在取料过程中发生碰撞故障时，应停止机器人的自动取料运行，并填写故障记录单。 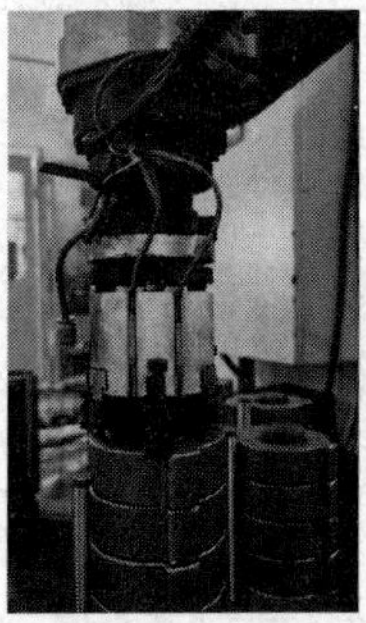 对于机器人取料不良引起的故障，优先检查料仓定位杆是否松动、错位，如为以上情况，按料仓操作故障处理。 如果不是这些原因引起的，则应考虑是由于机器人取料位置的误差过大造成的碰撞报警。如果是这个情况，应调整工业机器人的取料位置，并记录当前坐标点。 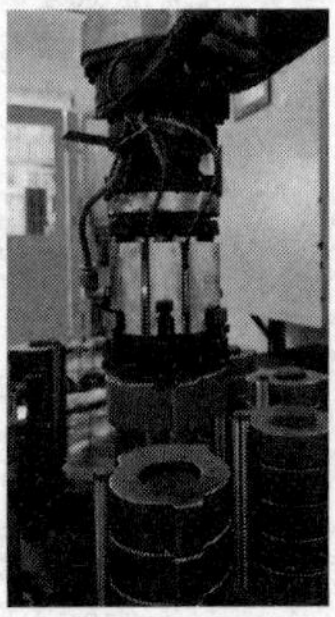	机器人出现碰撞时，应停止运行机器人，以免伤人

续表

序号	步骤	操作及说明	安全要求
3	机器人取料、上料引起的故障排除	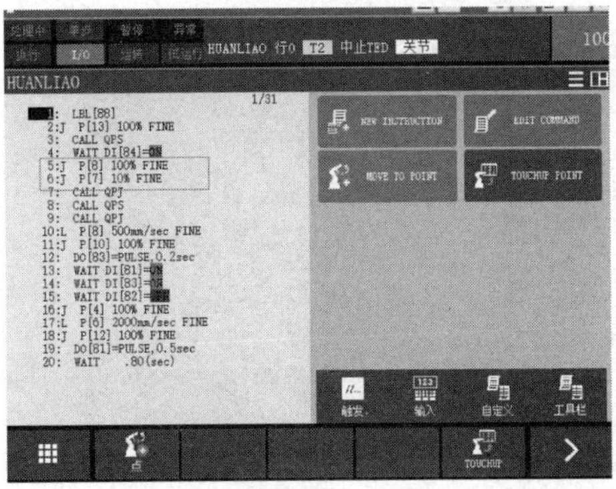 2．机器人上料不良引起的故障： （1）由于机器人上料位置不准确造成的碰撞故障。  当发现机器人在上料过程中发生碰撞故障时，应停止机器人的自动运行，填写故障记录单，并重新调整机器人的上料位置，以及修改程序记录点，如下图所示。 	机器人出现碰撞时，应停止运行机器人，以免伤人

续表

序号	步骤	操作及说明	安全要求
3	机器人取料、上料引起的故障排除	（图示：示教器程序界面） （2）由于机床卡盘位置不准确造成的碰撞故障。 当遇到这种情况时，可以调整机床主轴 Z 的位移量，并重新设置对应的 Z 坐标点位置	机器人出现碰撞时，应停止运行机器人，以免伤人
4	数控车铣复合两联机引起的气缸加工故障	1. 卡盘定位杆故障引起气缸位置精度的问题。 当发现所生产的气缸定位尺寸偏移时，应停止运行设备，并填写故障记录单，然后检查主轴卡盘定位杆是否松动，如是，及时调整锁紧主轴定位杆，如下图所示。  （图示：毛坯定位） 2. 气缸加工过程中，由于刀具原因引起的工件质量故障，如下图所示。 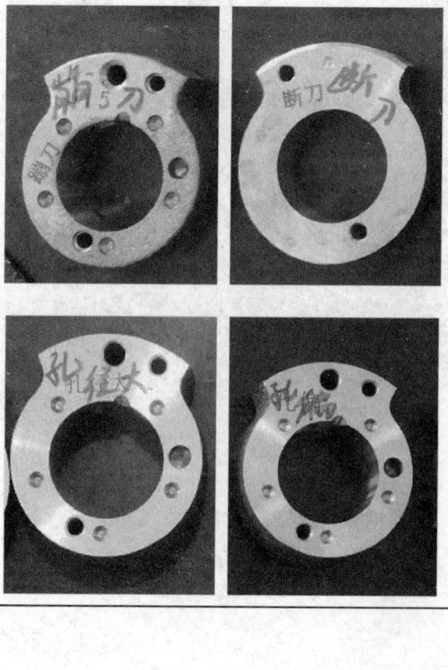 （图示：断刀工件）	操作过程中必须停止程序的运行，以免造成二次损坏和人员伤害。 检查定位杆的安装是否牢固可靠

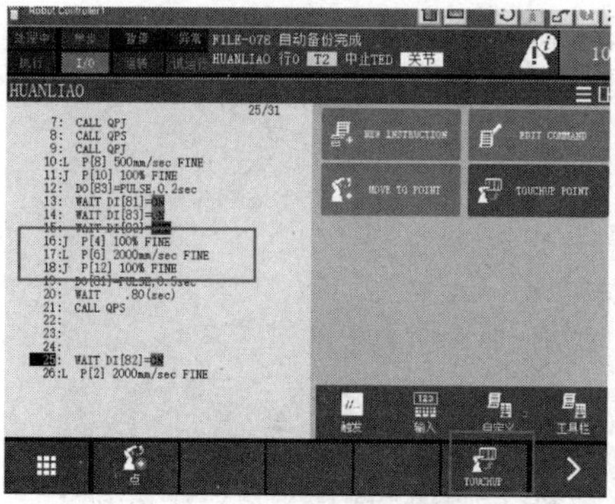

续表

序号	步骤	操作及说明	安全要求
4	数控车铣复合两联机引起的气缸加工故障	当出现上述故障时，检查对应刀具是否磨损，更换刀具后，重新调整刀补信息。   如果更换刀具后还出现工件偏移的问题，应考虑是由于主轴的旋转功能定位信息不正确造成的，这时需要调整程序上对应的主轴旋转参数。 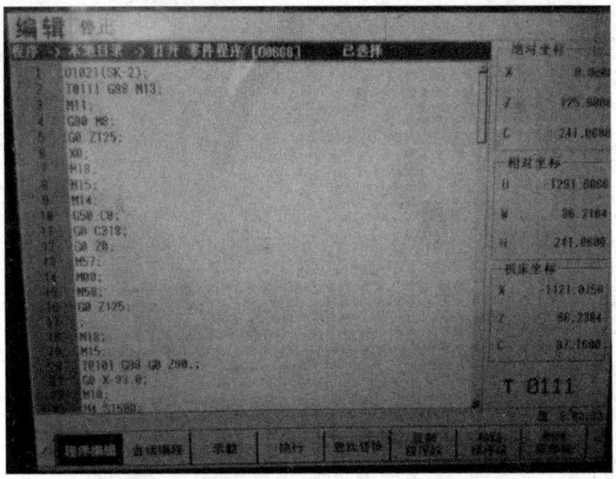 3. 气缸调头装夹时两通道主轴故障。 当发现数控车铣复合两联机在两主轴调头装夹对接时出现故障报警，应及时停止机器运行，并填写故障记录单。	更换刀具时，注意不能戴手套操作，确保安装刀具准确、牢固。 检查刀补设置是否对应刀具，以免造成操作不当。

续表

序号	步骤	操作及说明	安全要求
4	数控车铣复合两联机引起的气缸加工故障	 处理办法：首先检查两主轴的液压卡盘是否正常工作；其次检查气缸零件在第一通道加工的内孔是否到位。  如果加工不到位，重新检查加工。 4. 气缸下料故障。 当发现数控车铣复合两联机下料出现故障报警时，应及时停止运行机器，并填写故障记录单。 	检查液压卡盘控制按钮是否启动。 检查第一通道加工的内孔是否到位，以免影响第二通道不能装夹造成故障。 进行下料操作时，注意观察是否到达准确位置，以及气动阀是否工作

续表

序号	步骤	操作及说明	安全要求
4	数控车铣复合两联机引起的气缸加工故障	此时，可以调整机床主轴 Z 的位移量，并重新设置对应的 Z 坐标点位置。如果调整后仍然出现下料故障问题，则检查下料双电控二位五通电池阀是否正常工作，如不工作，则更换电磁阀 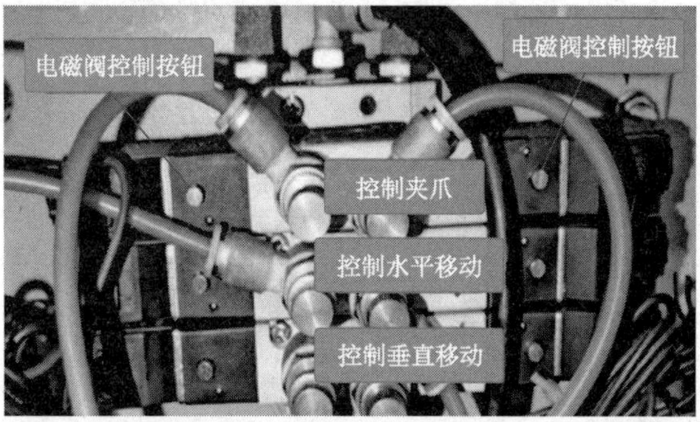	
5	传送带断裂故障	当发现传送带断裂时，应立即停止传送带的运行，如下图所示。传送带断裂一般是由于下料时工件掉落的冲击造成的。更换传送带甲板时，先取下损坏的甲板，然后将铆钉拆卸，重新安装甲板  	拆卸传送带甲板时，应防止断口割伤手

五、活动评价

序号	评价内容	评价标准	权重	小组得分
1	料仓故障排除	能正确分析料仓故障的成因,并解决料仓的故障点	15	
2	毛坯故障排除	能辨别毛坯故障的成因,并处理毛坯故障	5	
3	工业机器人取料、上料故障排除	能正确分析工业机器人取料、上料故障的成因,并解决工业机器人取料、上料故障点	30	
4	数控车铣复合两联机故障排除	能根据气缸生产问题的成因分析,调整设备生产出合格的零件	30	
5	传送带断裂故障排除	能根据传送带的结构,更换传送带甲板	10	
6	小组协作	小组分工合理,相互配合,有生成	10	
	合计			

记录活动过程中的亮点与不足:

知识拓展

自动化设备常见故障的检测方法

任何一台自动化设备都是由执行元件、传感器和控制器组成的,当自动化设备突然出现故障不能工作,或者工作顺序失常时,我们必须进行故障诊断。

下面将介绍诊断自动化设备故障的方法:

1. 检查自动化设备的所有电源、气源和液压源。

电源、气源和液压源的问题会经常导致自动化设备出现故障。

例如,供电出现问题,包括整个车间供电的故障。又或者是电源功率低、熔断器烧毁、电源插头接触不良等。检测自动化设备时,应包括每台设备的供电电源和车间的动力电源。气源包括气动装置所需要的气压源。液压源包括自动化设备液压装置所需要的液压泵液压系统。

2. 检查自动化设备的传感器位置是否出现偏移。

由于设备维护人员的疏忽,可能某些传感器的位置出现差错,如没有到位、传感器故障等。技术人员要经常检查传感器的传感位置和灵敏度,如果检查出传感器坏了要及时更换。

由于自动化设备的振动关系,大部分传感器在长时间使用后会出现位置松动的情况,所以在日常维护时要检查传感器的位置是否正确,以及是否固定牢固。

3. 检查自动化设备的继电器、流量控制阀和压力控制阀。

继电器和磁感应式传感器一样,长期使用也会出现打铁粘连的状况,从而无法保证电气回路的正常,此时需要更换。在气动或液压系统中,流量控制阀的开口度和压力阀的压力调节弹簧,也会随着设备的震动而出现松动和滑动的情况。这些装备和传感器一样,需要进行日常维护。

4. 检查电气、气动和液压回路的连接。

如果以上三步都没有发现问题,那么就要检查所有的回路。查看是否电路导线出现短路的情况,检查线槽内的导线是否由于拉扯被线槽割断。检查气管内是否有损坏性的折痕。检查液压油管内是否有堵塞。如果气管内出现严重的折痕,需立刻请技术人员更换。液压油管要一并更换。

确保以上步骤没有问题后,故障才有可能出现在自动化设备的控制器中,但永远不可能是程序的问题。当设备出现故障时,技术人员不要马上认为是控制器毁坏,只要没有出现过严重短路,控制器内部具有短路保护,一般性短路不会烧毁控制器。

思政素材

核心舱机械臂为宇航员出舱活动保驾护航
"机械伙伴"协助克服舱外作业困难

航天服手套充压后操作不便、单手操作难度大、在轨防飘要求高……开展舱外作业时,航天员面临诸多挑战。作为航天员执行出舱任务的"机械伙伴",舱外维修与辅助工具可以协助航天员有效克服这些困难。

舱外维修与辅助工具不仅有用于舱外设备维修的舱外电动工具、舱外扳手、通用把手等,也有配合航天员舱外姿态稳定及转换的便携式脚限位器、舱外操作台等。

除支持航天员出舱活动外,空间站核心舱机械臂还承担舱段转位、舱外货物搬运、舱外状态检查、舱外大型设备维护等在轨任务,是目前同类航天产品中复杂度最高、规模最大、控制精度最高的空间智能机械系统。

为扩大任务触及范围,空间站核心舱机械臂还具备"爬行"功能。由于核心舱机械臂采用"肩3+肘1+腕3"的关节配置方案,肩部和腕部关节配置相同,意味着核心舱机械臂两端活动功能是一样的。机械臂通过末端执行器与目标适配器对接与分离,同时配合各关节的联合运动,实现在舱体上的爬行转移。图7-46所示为核心舱机械臂。

航天科技集团五院在抓总研制过程中,在关键技术、原材料选用、制造工艺、适应空间站环境的长寿命设计等方面均取得创新突破,全部核心部件实现国产化。

图 7-46 核心舱机械臂

拓 展 作 业

试分析检查智能制造第三生产线(见图7-47)的常见故障。

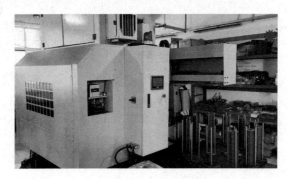

图 7-47 第三生产线

项目八 智能制造企业现场管理

智能制造是制造技术与数字技术、智能技术及新一代信息技术的融合,是面向产品全生命周期具有信息感知、优化决策、执行控制功能的制造系统,旨在高效、优质、柔性、清洁、安全、敏捷地制造产品、服务用户。精益生产管理体系是制造企业实施智能制造、实现企业转型升级的基础,也是企业现在和未来有序发展的保障。

任务一 智能制造生产线的维护与保养

职业能力

能正确识读智能制造装备安全标识,熟练使用机器人机电维修工具,能根据要求定期对机器人和加工设备进行检查和养护,能对智能自动加工生产线常见故障进行排除。

核心概念

◆ 机器人维护:机器人主要使用在较为恶劣条件下,或工作强度和持续性要求较高的场合,须定期进行常规检查和预防性维护。常见的机器人有串联关节式机器人、直角坐标式机器人、Delta 并联机器人、scara 机器人、自动引导小车等,本章讲述的维护主要针对关节式机器人。

◆ 数控加工生产线维护:数控机床需要定期进行维护保养和管理,以保证其的稳定性能。设备的维护工作分为日常维护和定期维护两类。

◆ 自动生产线常见故障

自动生产线常见故障如表 8-1 所示。

表 8-1　自动生产线常见故障

序号	常见故障
1	传感器坏了
2	毛坯飞边
3	定位杆松动
4	尺寸误差大
5	传送带断裂
6	刀具磨损
7	毛坯摆放不正
8	机器人与料仓位置不正
9	机器人与主轴中心不正
10	主轴定位销位置不正
11	对接位置不正

学习目标

1. 熟悉智能制造生产线的维护与保养流程。
2. 可以定期对生产线进行维护和保养。
3. 能初步排除智能生产线设备的故障。
4. 培养严谨细致的工作作风。

基础知识

一、工业机器人本体维护保养

1. 普通维护

1）机械手的清洗

可使用高压清洗设备定期清洗机械手底座和手臂，但应避免直接向机械手喷射。如果机械手有油脂膜等保护，按要求去除。（应避免使用丙酮等强溶剂，避免使用塑料保护，为防止产生静电，必须使用浸湿或潮湿的抹布擦拭非导电表面，如喷涂设备、软管等。请勿使用干布）

2）中空手腕的清洗维护

根据实际情况用不起毛的布料清洗中空手腕，以避免灰尘和颗粒物的堆积，清洗后，可在手腕表面添加少量凡士林或类似物质，便于日后清洗。

3）定期检查

检查工业机器人是否漏油；检查齿轮游隙是否过大；检查控制柜、吹扫单元、工艺柜和机械手间的电缆是否受损。

4）固定螺栓的检查

将机械手固定于基础上的紧固螺栓和固定夹必须保持清洁，不可接触水、酸碱溶液等，这样可避免紧固件腐蚀。如果镀锌层或涂料等防腐蚀保护层受损，则需清洁相关零件并涂防腐蚀涂料。

2. 轴制动测试

在操作过程中，每个轴电机制动器都会正常磨损。为确定制动器是否正常工作，必须进行测试。

测试方法：按照以下所述检查每个轴电机的制动器。

（1）运行机械手轴至相应位置，该位置的机械手臂质量及所有负载量达到最大值。（最大静态负载）

（2）轴电机断电。

（3）检查所有轴是否维持在原位。

如轴电机断电时机械手仍没有改变位置，则制动力矩足够，此时还可手动移动机械手，检查是否需要进一步保护措施。当移动机器人紧急停止时，制动器会辅助停止，可能会产生磨损，因此，在机器使用寿命期间需要反复测试，以检验机器是否维持着原来的能力。

（4）中空手腕润滑加油。中空手腕有 10 个润滑点，每个润滑点只需几滴润滑剂（1 克），不要注入过量润滑剂，避免损坏腕部密封和内部套筒。

（5）机器人机械臂关节润滑加油。机器人机械臂关节处的润滑点需要定期观察，当观察窗润滑油触碰到中心红色圆点时，需要及时更换和加注润滑油，如图 8-1 所示。

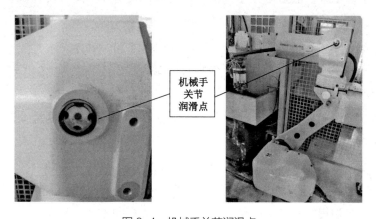

图 8-1　机械手关节润滑点

二、智能制造设备的维护

智能制造设备必须进行维护保养和管理，以保证机床的稳定性能。

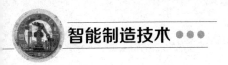

1. 智能制造设备维护

每班维护要求操作者每班生产都必须做到：

（1）班前对设备各部进行检查，并按规定加润滑油。

（2）按"日检维修卡"要求检查设备，并记录，确认正常后才能使用设备。

（3）要严格按操作规程运行设备，正确使用设备，注意观察其运行情况。

（4）设备运行过程中出现的问题要及时处理，操作者无法排除的故障应通知维修分厂，并由各分厂负责做好设备维修记录。

（5）在下班前20分钟左右，由操作者认真清扫、擦拭设备，记录设备当日运行状况，并办理交接班手续。

此外，对每日、每周和每月的维护工作都有相关规定：

（1）每日用切削液水管清洁机床工作台，清理碎屑、擦拭机床内部玻璃、查看进油管有无漏油。

（2）每周清洁机床周边设备。

（3）每月清洁车间，擦洗设备表面。（用专用洗衣粉）

2. 设备维护的主要要求

操作者在每周末和节假日前，要对设备进行较彻底的清扫、擦拭和润滑，并按设备维护"四项要求"进行检查评定。

日常维护是设备维护的基础工作，生产设备科及设备使用单位责任人负责按日常维护制度要求认真督促执行。

设备还需要进行定期保养，定期保养包括一级保养和二级保养。

（1）设备一级保养以操作者为主，维修人员配合。在"五一""十一""春节"3个节假日对所有设备进行保养。

（2）设备二级保养以维修人员为主，操作者配合。每年结合设备周期点检的设备精度状况对全厂部分设备进行保养。

（3）针对设备日常点检和周期点检中出现的故障实行强制性保养，并记录。

（4）对设备进行一级保养和二级保养后，要求设备达到完好标准，并进行检查验收。

（5）各分厂年初根据设备运行精度状况，制订各自的设备一级保养和二级保养计划，并上报生产设备科，由生产设备科统一汇总整理下发给各单位，各单位视生产情况组织实施，于每月5日前将保养计划完成情况报生产设备科。

三、自动传输带的维护

自动传输带的维护主要是检查轴承是否有异响、定期加润滑油、检查减速机是否异常、定期检查和添加润滑油、检查链条是否异常、检查链轮润滑油的情况并定期进行添加。

四、液压动力装置

液压动力装置带有变量泵，为液压卡盘、抱闸等提供方便、可靠的压力——动力来源。

液压动力装置包括一个油箱。每次换油时，应彻底清洗油箱。定期检查和清洗吸油滤网。换油次数应根据油和空气的洁净程度而定，但过滤器每年至少清洗两次。排液前，应先去掉放油塞。要清洗油箱内部，必须先拆掉箱盖，然后用汽油或苯彻底清洗油箱内部。卸掉四个角的螺栓，并竖直向上提，可拆去用于安装油泵、电动机和其他零件的顶板。油位应达到油标所示范围，即使油泵工作正常，也应注意观察油位，避免低于标准线。

加油前，先去掉进油孔的盖，并把油倒入至油标的中间位置（油标装在油箱的侧面）。建议使用 ISO VG32 液压油。

1. 系统润滑加油

使用不符合要求的润滑剂可能导致机床的性能变差和出现故障，因此应经常检查机器所使用的润滑油的纯度。液压油的纯度对保证液压系统的性能至关重要。

机床在出厂前，液压油箱和润滑单元油箱已被倒空，因此，装好机床后，应按规定给两个油箱加油。本项目中机床的导轨和丝杆部位采用自动润滑方式，每 30 分钟自动润滑一次。润滑液位低时，会出现报警，同时润滑泵停止工作。急停状态下润滑生效，润滑生效时按钮上的灯将被点亮。本项目中机床用油建议如表 8-2 所示。

表 8-2　本项目中机床建议用油

序号	润滑部位	类型	Mobil（美孚）	Total（道达尔）	Caltex（加士德）	Esso（埃索）
1	液压系统	ISO VG32	DTE24	ZS32	HD32	H－32
2	润滑系统	ISO VG46	＃2	NS68	68	K－68
3	动力卡盘	润滑脂	CREASE2	CREASE2	MULTIFAX EP2	

2. 动力卡盘的润滑

动力卡盘的润滑如表 8-3 所示。

表 8-3　动力卡盘的润滑

建议使用的润滑剂	锂皂润滑剂
要求使用量	按需要
更换频率	一天一次

要使卡盘长时间保持良好的工作状态，离不开恰当的润滑。不润滑会有许多麻烦，如低压状态下的失灵、夹紧力降低、夹持精度下降、额外的磨损和卡死等。用油枪给卡盘主体加油时，加油后要清洁卡盘主体。要求每六个月将卡盘从主轴上卸下一次，并进行彻底

擦洗。

（1）应每周为卡盘至少加注一次专用润滑脂（MoS_2），加注量以使润滑脂从卡盘间隙处溢出为准。

（2）每日工作后，一般应将工件卸下，以使卡盘处于松开状态。

（3）每年至少对卡盘进行一次全面清洁，包括除锈、去垢、清屑等内容。

（4）发现卡盘零件有损坏时，应立即停机进行更换或维修。

主轴液压卡盘使用中的常见问题及解决措施，如表 8-4 所示。

表 8-4　主轴液压卡盘使用中的常见问题及解决措施

序号	问题	解决措施
1	锈蚀、油垢、积屑	加工时，避免用气枪直接吹扫卡盘。用煤油清洗去除油垢和积屑；用砂纸去除锈蚀
2	卡爪移动不顺畅	定时加注润滑脂
3	卡盘零件破损	机床运行时，应避免出现使刀具撞击卡盘等误操作；确保有足够的夹持力和夹持长度，防止工件在加工中移动或脱出
4	装卸卡盘时非常费力	使卡盘处于松开状态；使紧固螺栓处于松开状态；如这种情况发生在卡盘与主轴未脱离状态时，应检查连接螺母与楔块的定位圆珠能否正常弹出和缩回

活动设计

一、活动设备、工具准备

序号	名称	简图	数量	备注
1	气缸自动加工生产线		3 套	设备
2	气压计		6 台	设备

续表

序号	名称	简图	数量	备注
3	液压油			

二、活动组织

由各小组对气缸自动加工生产线进行维护和保养。

1．分小组，以4人为一个小组。

2．设置小组长和组员，对生产线进行维护和保养。

3．小组中分工合作，确保每个学生都有机会参与。

工作岗位	姓　名	岗位任务	备注
组长		1．统筹安排小组工作任务，协调调度各组员开展活动。 2．制订实施计划，并贯彻落实到小组中的每位成员，落实岗位职责。 3．安排每位组员的任务，督促小组成员按所制订的计划实施活动，确保活动有效完成	
维护员		1．按工作任务要求，代表小组对设备进行日常维护。 2．熟悉维护要点	
保养员		1．按工作任务要求，代表小组对设备进行日常保养。 2．熟悉保养要点，制订保养计划	
操作员		1．代表小组对设备进行操作，并评估维护保养后的效果。 2．熟悉设备操作及效果的评定	

三、设计注意事项

1．防止生产线其他设备的误操作而伤人。

2．按操作规程操作设备，以免损坏设备。

3．注意现场6S管理，在确保安全规范的前提下开展活动。

四、活动实施

序号	步骤	操作及说明	操作标准
1	任务分工	1. 熟悉设备操作。 2. 整理维护及保养要点。 3. 按照对任务的理解，分配每个人的工作内容	分配合理，团队合作
2	计划制定	整理维护保养计划	熟悉要点，计划合理
3	实际操作	1. 根据计划现场进行维护保养。 2. 确定维护保养内容及操作。 3. 对设备维护保养前、后状态进行比对	操作安全，维护保养规范准确
4	总结	1. 对保养内容进行总结分析。 2. 总结维护保养工作的优缺点。 3. 对原维护保养计划进行重新修订	思路清晰，改进有效

五、活动评价

评价指标			学生自评	小组互评	教师评价
素质评价（30分）	劳动态度（10分）				
	工作纪律（10分）				
	团队协作（10分）				
技能评价（70分）	工具使用（20分）				
	任务方案（15分）				
	实施步骤（30分）	生产线常见故障的排除			
		气缸自动加工生产线的维护保养			
	完成结果（15分）				
本次得分					
最终得分					
记录活动过程中的亮点与不足：					

知识拓展

"未来工厂"会是什么样

毋庸置疑，未来的工厂一定是逐步从自动化到智能化，最终实现"无人化"。

先说一个概念，对于"未来工厂"（The Factory of the Future），有一种说法是，具备互联、有序，并且能够实现远程自我优化等特性，当然，前提是各种机床、刀具和系统都能提供必要的数据。另一种说法可谓众所周知，十分流行，也就是"物联网"（IoT），即工厂车间的所有设备都是智能化的，数据也是生产制造的必要"原材料"。

这种"未来工厂"需要设备与物联网、大数据、云计算、人工智能、3D打印、VR等技术高度融合，是一个系统化、模块化、智能化、数字化超强的系统性工程。当前主要还是停留在概念及试验阶段，全球很多厂商正在致力于研发。

"未来工厂"离我们还有一段距离，但以人工智能、物联网、大数据、云计算为代表的新技术飞速发展，全球新一轮技术革命方兴未艾。

思政素材

"无人"时代真的来了！各行各业都在往智能的方向发展，智能机器正在以越来越快的速度取代人类。

中国的"机器换人"不是一句口号，很多企业都在践行智能化的改造，如图8-2所示。

图8-2 企业智能化改造

随着中国互联网的高速发展，未来大部分商业逻辑都将摧毁重建，大部分传统企业都将从头再来！

以智能机器为代表的工业革命正在来临：

1．智能收费系统进入超市和银行；

2．无人汽车、智能驾驶出现。（试验车辆5年未出事故，停车精确到毫米，国外开始发无人驾驶牌照）

3．3D打印进入生产线。

4．微信的出现，使得移动、联通和电信的收费业务变免费了。

过去的优势将被趋势所代替，过去能保持十年，今天可能只能保持半年！这个世界变化太快！

我们应该恐慌吗？机器人的使命，应该是帮助人类做那些人类做不了的事，而不是代替人类。

未来，传统制造业、传统银行业积极转型，往互联网智能制造、互联网金融方向改革，将取得比过去更大的辉煌！

拓展作业

谈谈个人在未来智能制造工厂中的职业和定位。

任务二 智能制造生产现场 6S 管理

职业能力

1. 熟悉智能制造生产企业的现场 6S 管理要求，会制订 6S 管理标准并进行考核实施。
2. 熟悉智能制造车间安全管理，清楚生产现场工作纪律、生产现场安全要求，会定期开展安全防护与检查。

核心概念

生产现场 6S 管理：6S 是指整理（SEIRI）、整顿（SEITON）、清扫（SEISO）、清洁（SEIKETSU）、素养（SHITSUKE）、安全（SECURITY）六个方面。6S 管理的要求是在整理中学会判断，在整顿中学会节约，在清扫中学会标准化，在规范中学会定制化、制度化，在素养中形成习惯，在操作中学会安全，培育和升华企业安全文化。

学习目标

1. 能说出生产现场 6S 管理的基本内容。
2. 能简述生产现场 6S 管理的工作要求。
3. 能按照生产现场 6S 管理要求进行车间管理。

基础知识

一、开展现场整理工作

整理是指清除现场不需要的物品，腾出更多空间来管理必需的物品，从而节省寻找物品的时间，提高现场工作效率。

1. 确定现场整理标准

现场存放的无用物品既占据大量空间,又造成资源浪费,因此生产经理必须确定要与不要的标准,使现场作业人员能正确地进行区分。现场整理标准如表 8-5 所示。

表 8-5 现场整理标准

序号	真正需要	确实不需要
1	正常、完好的生产设备	作业台面上的多余物料
2	各种作业台、材料架、推车	各种损坏的设备、工装夹具
3	正常使用的工装夹具	各种与生产无关的私人用品
4	各种生产所需的物料	呆料、滞料和过期物品
5	各种使用中的看板、宣传栏	陈旧、无效的指导书,工装图
6	有用的文件资料、表单记录	过期、陈旧的看板
7	尚有使用价值的消耗用品	各种损坏的吊扇、挂具
8	其他必要的物品	地面、天花板、墙壁上的污渍

2. 进行生产现场检查

在确定了要与不要的判断标准后,生产经理应组织人员进行全面的现场检查,包括看得见和看不见的地方,尤其是墙角、桌子底部、设备顶部等容易忽略的地方。

3. 开展现场整顿工作

整理的主要目的是清除现场的非必需品,而现场的有序还需通过整顿来实现。整顿就是将现场必需的物品进行定位、标示,以便取用和放回。

生产经理可以根据物品各自的特征,把具有相同特点、性质的物品划为同一个类别,并制定标准和规范,为物品正确命名、标示。

二、开展现场清扫工作

清扫是指将作业场所彻底清扫干净,从而保持现场的整洁。

1. 准备工作

在清扫前,生产经理要将清扫的区域、清扫要求等向现场作业人员一一说明,重点强调清扫中的安全注意事项。

2. 明确清扫责任

对于清扫工作,生产经理应该进行区域划分,实行区域责任制,明确每个人的责任。针对清扫活动应制定"清扫责任表",明确清扫对象、方法、重点、周期和使用工具等。"清扫责任表"样例如表 8-6 所示。

表8-6　清扫责任表

责任区域	清扫时间	责任人	清扫要求

3. 清扫地面、墙壁和窗户

在清扫作业场地时，对地面、墙壁和窗户的清扫是必不可少的。在具体实施清扫时，要将地面上的灰尘和垃圾、墙壁上的污渍、天花板上的灰尘、角落的蜘蛛网等清扫干净，还应将窗户擦洗明亮。

4. 清扫生产设备

设备一旦被污染，就容易出现故障而影响正常的生产活动。因此，要定期进行设备、工具的清扫，并与日常的点检维护相结合。

5. 检查清扫结果

清扫结束后，应采用白手套检查法进行检查，即双手都戴上干净的白色手套（尼龙、纯棉质地均可），在检查对象的相关部位来回擦数次，然后根据手套的脏污程度判断清扫的效果。

三、开展现场清洁工作

清洁是对清扫后状态的保持，即对整理、整顿、清扫效果的维持。

在开始开展清洁工作时，生产经理要对整理、整顿、清扫的效果进行检查，然后制定详细的检查明细表，以明确清洁的状态。具体的检查要点如表8-7所示。

表8-7　现场清洁的具体检查要点

序号	检查项目	具体检查要点
1	整理	检查在现场是否存在不需要的物品，如果还存在，则要编制不需要物品一览表，并及时进行相应的清理工作
2	整顿	检查现场的各种物品是否做好定置管理。 检查现场是否画有区域界限，并对不同区域进行标示。 检查常用的工具是否摆放完好，便于取用和放回
3	清扫	检查是否制定清扫标准和清扫值日表。 检查是否将现场的门窗、玻璃、地面、设备、作业台等清扫干净

四、开展现场素养活动

开展现场素养活动能让员工时刻牢记 6S 管理规范,自觉做好 6S 管理工作,使其更重于实质,而不是流于形式。

1. 明确素养目的

通过实施素养活动,创造一个积极向上、富有合作精神的团队,使现场人员高标准、严要求地维护现场环境的整洁和美观,自愿实施 6S 管理,培养自觉遵守规章制度的良好习惯。

2. 制定规章制度

规章制度是规范员工行为的准则,是让员工达成共识、形成企业文化的基础。

3. 检查素养效果

企业开展素养活动之后,要对素养活动的各个方面进行检查,以查看效果。

五、开展全员安全教育活动

"安全第一、预防为主、综合治理"是我国的安全生产方针。安全是 6S 管理的核心,在实施前五个 S 的基础上,要定期对车间进行安全检查,确保人的安全、设施设备的安全、工作场所的安全,另外,还应设置安全警示标识、开展全员安全教育培训活动等。

通过实施 6S 管理,能够有效改善企业的生产环境,提高生产效率,消除事故隐患。同时,建立健全安全管理制度和应急预案,确保在发生安全事故时能够迅速有效地应对。

六、开展 6S 评比考核

为了加强各班组对 6S 管理工作的重视,企业会定期开展 6S 评比考核工作,并将考核结果填入考核表。对考核结果为优秀的班组要提出表扬,并给予相应奖励;对表现不佳的班组,则要提出批评并督促其改进。6S 评比表如表 8-8 所示。

表 8-8 6S 评比表

班组:	评分者:		检查日期: 年 月 日		
6S 内容	评分项目	评分内容	评分		备注
整理 (10 分)	1. 是否制定整理标准 2. 非必需品是否被有效处理	是否有要与不要的判断标准			
		是否区分各种不要的物料、库存品、半成品			
		有无不适用的设备、机器、治工具、模具、备品			
		是否按照相应的处理程序清除各种非必需品			

续表

6S 内容	评分项目	评分内容	评分	备注
整顿 (20 分)	1. 是否进行区域画线 2. 是否整顿物品 3. 是否做好标示	是否漆上白色、黄色、绿色等明显的区分线		
		各种物料、设备、治工具等是否都有相应的标示牌		
		有无场所标示及位置标示的看板		
		各种物品是否按照各自的要求进行整顿		
清扫 (20 分)	1. 是否有清扫标准 2. 是否确定责任人 3. 现场是否清扫干净	是否对清扫的要求、工具、方法等进行明确说明		
		是否将各区域的清扫任务具体到个人		
		地面上有无垃圾、水、油污等		
		机器是否有漏油现象,是否与点检、维护相一致		
清洁 (20 分)	1. 是否已经检查整理、整顿、清扫的效果 2. 是否坚持做好整理、整顿、清扫工作	是否对整理、整顿、清扫的效果进行检查		
		在日常工作中是否坚持做好整理、整顿、清扫工作		
		现场是否有灰尘、垃圾、废弃物等		
素养 (15 分)	1. 是否进行培训 2. 是否检查素养效果	是否制定班组的相关规范		
		是否对人员进行 6S 管理相关知识的培训		
		行为、仪容仪表等是否符合企业规定		
		各种规章制度、作业方法等是否得到切实执行		
安全 (15 分)	1. 是否熟知安全警示标识 2. 操作是否安全规范	是否熟知安全警示标识		
		操作是否安全规范		
		是否定期开展安全检查及安全教育培训		
合计				

活动设计

由各小组对实训中心进行智能制造生产现场 6S 管理。

一、活动组织

1. 分小组,以 4 人为一个小组。
2. 设置组长和标准员、现场检查员、评分员,对海报和展示进行评价。
3. 小组中分工合作,确保每个学生都有机会参与。

工作岗位	姓 名	岗位任务	备注
组长		1. 统筹安排小组工作任务,协调调度各组员开展活动。 2. 制订实施计划,并贯彻落实到小组中的每位成员,落实岗位职责。 3. 安排每个组员的任务,督促小组成员按所制订的计划实施活动,确保活动有效完成	

续表

工作岗位	姓　名	岗位任务	备　注
标准员		1. 按工作任务要求，代表小组对现场管理进行标准制定。 2. 熟悉实训基地的管理要求	
现场检查员		1. 按工作任务要求，代表小组对现场进行检查，发现问题及时提出意见。 2. 熟悉标准，熟悉实训基地的设备及场地	
评分员		1. 负责代表小组进行现场打分。 2. 熟悉打分规则，以及配合检查员工作	

二、注意事项

1．防止生产线其他设备的误操作而伤人。

2．按操作规程操作设备，以免损坏设备。

3．在确保安全规范的前提下开展活动。

三、活动实施

序号	步骤	操作及说明	操作注意事项
1	组织分工	1. 熟悉 6S 管理要求。 2. 按照任务理解，分配每个人的工作内容	分配合理，团队合作
2	标准制定	1. 熟悉实训基地情况。 2. 根据调查信息结合 6S 管理要点，整理检查标准。 3. 通过小组讨论决定标准及表格	熟悉实训基地，理解 6S 管理要求
3	现场检查	1. 结合制定标准对现场进行检查。 2. 简述每个重点检查区域的要求。 3. 提供相关的现场操作指引	工作规范，现场注意安全
4	打分	1. 根据计划进行现场打分。 2. 对不足的地方提出整改要求	打分合理，改进意见中肯

四、活动评价

评价指标			学生自评	小组互评	教师评价
素质评价 （30 分）	劳动态度（10 分）				
	工作纪律（10 分）				
	团队协作（10 分）				
技能评价 （70 分）	对 6S 的理解（10 分）				
	检查标准（15 分）				
	现场检查（30 分）	检查工作（15 分）			
		改进意见（15 分）			
	完成结果（15 分）				
本次得分					

续表

最终得分				
记录活动过程中的亮点与不足：				

知识拓展

ISO 9001 质量管理体系

ISO 9001 用于证实组织具有提供满足顾客要求和适用法规要求的产品的能力，目的在于增强顾客满意度。随着商品经济的不断扩大和日益国际化，为提高产品的信誉，减少重复检验，削弱和消除贸易技术壁垒，维护生产者、销售者、用户和消费者各方权益，此第三认证方不受产销双方经济利益支配，公证，且科学，是各国对产品和企业进行质量评价和监督的通行证。

进入 21 世纪，信息化发展步伐日渐加速，很多企业重构信息化实现了自身核心竞争力的提升，质量管理信息系统已经在汽车、电子等行业得到全面应用和推广，为支持 ISO 9001 质量管理体系的电子化提供了平台支撑，并嵌入标准的 QC 七大手法、TS 五大手册、质量管理模型，使 ISO 9001 质量管理体系的数字化成为可能。

国际标准化组织（ISO）2007 年 11 月发布的最新调查结果显示，截至 2006 年年底，在 170 个国家颁发了 ISO 9001：2000 版认证证书 897866 张，其中，中国颁发了 162259 张，约占颁发总量的 18%，居世界第一位。这说明 2000 版标准得到广泛应用，受到许多组织的关注，中国也成为名副其实的质量管理体系认证大国。

思政素材

6S 管理既是有形的，又是无形的，这是因为 6S 管理不是一个局限于简单的表面的清扫工作，而是实现工作环境根本改善的手段。企业推行 6S 管理，是指从 6 个方面进行整顿，强化文明生产的观念，使得企业中每个场所的环境、每位员工的行为都能符合"6S"精神的要求。从当前现代企业推行 6S 管理的情况来看，其对改善生产现场环境、提升生产效率、保障产品品质、保障安全生产、营造企业氛围及创建良好的企业文化等方面效果显著。

6S 管理倡导从小事做起，做每件事情都要讲究，而产品质量正是与产品相关各项工作质量的总和，如果每位员工都养成做事讲究的习惯，产品质量自然可以得到保障。反之，即使整合型管理体系的制度再好，没有好的做事风格，产品质量也不一定能够得到很大提升。

"人造环境，环境育人"，员工通过对清理、整理、清洁、维持、素养、安全的学习遵守，使自己成为一个有道德修养的员工，整个公司的环境面貌也随之改观。没有人能完全改变世界，但我们可以使她的一小部分变得更美好。"以人为本、科技创新、依法治企、诚信守诺、顾客满意"，拥有高素质员工的公司一定能够更好地发展壮大起来！

拓展作业

谈谈对未来智能制造的管理设想。

参 考 文 献

[1] 刘小春,张蕾. 智能制造装备的发展现状与趋势[J]. 造纸装备及材料,2021,50(7):19-21.
[2] 李先冲. 智能制造在装备制造业中的应用研究[J]. 造纸装备及材料,2020,49(4):14-15.
[3] 孔凡国,俞雯潇. 智能制造发展现状及趋势[J]. 机械工程师,2020(4):4-7.
[4] 孙笛. 德国工业 4.0 战略与中国制造业转型升级[J]. 河南社会科学,2017,25(7):21-28.
[5] 葛英飞. 智能制造技术基础[M]. 北京:机械工业出版社,2019.
[6] 唐玉芝. 基于智能制造的自动化关键技术分析[J]. 集成电路应用,2021,38(9):260-261.
[7] 刘小春,张蕾. 智能制造与机器人应用关键技术及发展趋势[J]. 现代农机,2021(5):118-120.
[8] 陈颂阳. 数控车铣复合加工[M]. 北京:机械工业出版社,2016.
[9] 冯立松. 机电设备常见故障分析与维修方法的探讨[J]. 居舍,2018(36):170.
[10] 刘小波. 工业机器人技术基础[M]. 北京:机械工业出版社,2016.
[11] 郑新家. "6S"现场管理与安全生产[J]. 能源与环境,2017(4):106-107.
[12] 霍思明. 基于中小制造型企业"6S"生产现场管理问题与实施对策分析[J]. 现代经济信息,2020(8):24-25.